飞手航拍教程

无人机摄影与后期从入门到精通

叶 序 编著

清華大学出版社
北 京

内容简介

本书总结了20万学员喜欢的无人机摄影与摄像技巧，结合111段实拍视频，布局了三部分内容：新手入门+高级航拍+延时摄影。书中内容全面、详细，从无人机的炸机风险开始，循序渐进地介绍了无人机的起飞、空中训练、航拍技巧、构图取景等方法；然后讲解了无人机的高级航拍技术，如智能飞行、航点飞行、全景航拍、夜景航拍，以及无人机光绘等内容；最后介绍了延时摄影功能，如自由延时、环绕延时、定向延时，以及轨迹延时等。本书可帮助读者快速从入门到精通无人机的摄影与摄像技术，成为无人机航拍高手！

本书为方便读者学习，提供了丰富的配套资源，内容包括素材文件、效果文件和教学视频；另外，为教师提供了完备的PPT课件。

本书适合摄影摄像、无人机航拍的爱好者学习，以及因工作需要，想深入学习航拍照片和视频的记者、摄影师等阅读，还可作为无人机航拍摄影摄像类课程的教材及辅导用书。

图书在版编目(CIP)数据

飞手航拍教程：无人机摄影与后期从入门到精通 / 叶序编著 .—北京：清华大学出版社，2022.1(2025.1重印)
ISBN 978-7-302-59813-8

Ⅰ.①飞… Ⅱ.①叶… Ⅲ.①无人驾驶飞机—航空摄影—教材 Ⅳ.① TB869

中国版本图书馆CIP数据核字(2021)第268908号

责任编辑：李 磊
封面设计：杨 曦
版式设计：孔祥峰
责任校对：马遥遥
责任印制：沈 露

出版发行：清华大学出版社
网 址：https://www.tup.com.cn，https://www.wqxuetang.com
地 址：北京清华大学学研大厦A座 邮 编：100084
社 总 机：010-83470000 邮 购：010-62786544
投稿与读者服务：010-62776969，c-service@tup.tsinghua.edu.cn
质 量 反 馈：010-62772015，zhiliang@tup.tsinghua.edu.cn
印 装 者：三河市铭诚印务有限公司
经 销：全国新华书店
开 本：185mm×260mm 印 张：16 字 数：389千字
版 次：2022年1月第1版 印 次：2025年1月第4次印刷
定 价：118.00元

产品编号：090578-01

前言 PREFACE

用居高临下的视角展现人间美景

自大学接触摄影至今已有十年，最初，我只是想把摄影当成工作之余的一种爱好，后来，我意识到人的精力是有限的，而我对摄影始终抱有很高的期望，仅以业余时间投入摄影不知何时才能实现自我。终于在2018年，我鼓起勇气辞去了互联网运营的工作，全身心投入摄影事业。

当今时代，科技的发展让艺术有了全新的表现形式，信息技术的革新让艺术更广泛地走向大众，后现代主义思潮也降低了艺术行业的门槛。2015年，消费级无人机航拍技术开始普及，当时我就意识到，影像相关行业即将迎来变革，尽管时至今日仍有人对无人机航拍持保守态度。

正如摄影技术诞生时，人们称其为机械手段无法成为艺术一样，许多人对无人机航拍也产生了诸多质疑，或是说不够清晰，或是认为都飞高了拍得雷同，或是觉得非人类能够看见的视角不够“接地气”。事实上，清晰度从来不是评判好作品的标准，航拍也并不是飞得越高越精彩。至于美的宗旨，中国传统美学的最高要求，是方寸之间的事物能够体现出方寸之外的自然元气和无限空间，有时候越过人的视角，像鸟儿一样俯瞰大地，也许能够更深远地看见事物与周遭环境的关系。

无人机普及不过几年的时间，至少在技术操作层面看来，所有人学习航拍都是从零开始，对于年轻摄影师来说这是机会，对于资历较老的摄影师来说这是挑战。而时代的发展日新月异，自2018年开始，移动短视频时代到来，网络媒介的形式从图片逐渐向视频转变。在信息技术向前狂奔的世纪，我坚信包括艺术在内形成人类社会基础信息的载体仍会有新的形式出现。

我们要明白一点，航拍相比于传统摄影，视频相比于照片，不过是技术操作形式上的革新，尽管在创作思路上也会有不同之处，但是对于形象画面的欣赏终需一个分辨是非美丑的心灵，丰富的人生阅历是摄影师及航拍师最大的优势。

消费级航拍无人机的普及让不少人为了过一把飞行瘾而投身其中。经常会遇到刚入手或者准备入手无人机的新手问我，怎么做航拍？这是一个很难回答的问题。

我认为航拍二字可以分开理解，“航”是操控无人机，“拍”是摄影。航是实现拍的方式，想“航”得好，需要学会操控无人机，在各种环境下安全稳定地飞行；想“拍”得好，需要学会摄影相关知识，包括相机参数、画面构图色彩光线、后期软件制作等，以及建立在技术之上的审美。

有少部分人只是追求“航”的刺激，那是生理上的快感，而“拍”出好照片则是精神上的美感，美感才具有永恒的价值。新手入门航拍，要明白在尊重规则的框架下才能实现创作上的自由，时刻清楚自己要拍的是什么，这也许是我能给出的最好回答。

拍什么关乎的是我们的认知和审美。贡布里希在《艺术与错觉》中写道：“绘画是一种活动，所以艺术家的倾向是看到他要画的东西，而不是画他所看到的东西。”在旅途中，我们并不是把路上看到的所有景象全部或者随机拍下来。而当我们遇到一个能够唤起心灵的场景，触发我们对美的感知，那是储藏在内心深处关于溪流奔向远山的景象，投射到现实中，一旦与旅途中的某一处景观发生相似匹配，就会激发我们的创作灵感和拍摄欲望。

这样看来，心灵中储藏的印象越多，对真善美的认知越丰富，就越能够把握住自然中稍纵即逝的美，这就是人们常说的“摄影师只是善于发现美”。由此可见，审美心灵的重要性不言而喻。想拍出好照片，心中要对好照片有足够多的认知，这就需要多出去采风，多欣赏别人的好照片，逐渐形成一颗审美心灵。在对美的感知有大量积累之后，如果能够找到其中的规律，也就达到了创作上的自由。

我们拍过的照片，是自身审美意识在现实世界的投影，而技术能够帮助我们实现这一转化。从2016年接触无人机航拍以来，我以自己生活所在的南京为主要创作地，也会带着无人机去各地旅行采风，至今拍摄了超过30万个图片和视频文件，使用无人机航拍已成为我现在不可或缺的拍摄方式。

目前，我主要在抖音和微信视频号(账号：青锋Fing影像)发布短视频作品，在图虫网发布图片作品，作品在全网的浏览量近2亿次。我也先后接受过江苏卫视新闻眼及《创意世界》《畅游江苏》《现代快报》的专访；航拍作品曾登上人民日报微博及《中国旅游》《环球人文地理》《摄影之友》等杂志，期间获得了不少航拍奖项。

航拍大大提高了创作的效率。不管是面对高楼林立的城市，还是一望无际的原野，航拍都赋予我们更加便利的拍摄手段。科技的进步正在消融专业和非专业的界线，我相信未来会有更多的业余创作者有足够的水平与专业摄影师同台竞技。

本书是以大疆御系列无人机操控为主要内容的航拍入门指南，非常适合正在学习航拍或感兴趣的新手朋友。书中的主要内容如下：

第一部分为新手入门，介绍在安全飞行的前提下，常见的航拍运镜方式和构图技巧。

第二部分为高级航拍，介绍操作软件DJI GO 4.0中各种智能飞行模式的应用场景及所能达到的效果，这些创意效果可使旅行中的拍摄变得十分出彩。

第三部分为延时摄影，介绍延时摄影的拍摄和后期制作技术，延时摄影在拍摄空镜方面拥有十分优秀的表现，合成的素材也具有更好的商业价值。

总之，如果读者能够掌握本书中介绍的航拍技巧，则可在技术上达到自由操作无人机的状态。

本书提供全部案例的素材和效果文件、教学视频，以及完备的PPT教学课件，扫描下方二维码即可获取。

素材和效果

教学视频

教学课件

最后我想说，学习别人的经验固然可以少走弯路，但勤于练习才是我们进步的唯一动力。愿你在一次次的飞行中，在自然的遇见与艺术的领悟中，感受这世界的美好。

叶序(青锋Fing)

于2021年秋

目 录 CONTENTS

【新手入门】

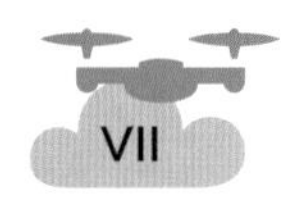

【延时摄影】

【新手入门】

第1章

新手必看：飞行炸机与危机处理

“炸机”，并不是无人机在天空中爆炸了，而是因为各种操作不当、飞行不当的原因，导致无人机坠毁、掉落、撞坏。炸机并不可怕，新手在操作无人机的时候也不必有太大的心理压力，只要我们了解炸机的原因并尽量避免，就能安全地飞好无人机。

1.1 不可不看：炸机排行榜

在航拍圈中有一句话，说航拍“老司机”都是炸机炸出来的。笔者使用无人机多年，总结出了多种炸机因素。下面就按炸机频率进行排行，希望能帮助飞手们减少炸机的概率，提高飞行的安全性，从而降低大家玩无人机的损失与成本。

1.1.1 排行榜一：飞行中电路的干扰

很多飞手在遥控无人机时，没有注意周围的环境，只盯着飞行的无人机，这样容易使无人机飞到电线附近，受到干扰，导致无人机掉到地上炸机，如图1-1所示。这种炸机方式发生的频率是较高的。

图 1-1　无人机撞电线

我们在遥控无人机的时候，因为电线比较细，在飞行界面中是不容易被发现的，只能通过我们肉眼观察空中的环境，查看周围是否有电线。高压电线对无人机产生的电磁干扰非常严重，而且离电线的距离越近，信号干扰程度就越大，所以我们在拍摄时，要尽量避开电线区域，不要到有高压线的地方飞行。

更可怕的是，高压线一旦因为无人机撞击而出现线路短路，就会导致附近商户、民居停电，影响将非常严重，损失甚至会达到上百、上千万元，这是谁都无法承担的后果。

1.1.2 排行榜二：侧飞时撞到侧面障碍物

在侧面或者环绕飞行无人机的时候，也容易撞到无人机侧面的障碍物。因为有些无人机的侧面是没有避障功能的，而我们通过飞行界面也无法查看到无人机侧面的飞行环境。如果侧面有电线、建筑或者树木，无人机就很容易撞上去，导致炸机。如图1-2所示，这架无人机在环绕飞行的时候，没有注意到侧面的树林，直接撞到了树上导致炸机。

图 1-2　无人机撞到侧面障碍物

所以，在低空环境复杂时，飞手切忌让无人机随意侧飞，移动时应尽量用前进的方式来保持观察监控画面。

1.1.3　排行榜三：无人机飞到水里

当我们使用无人机沿水面飞行的时候，无人机的气压计会受到干扰，无法精确定位高度。因此，当无人机在水面上飞行时，经常会出现掉高现象，无人机越飞越低，如果此时未控制足够的高度，一不小心无人机就会飞到水里面，如图1-3所示。

图 1-3　无人机飞到水里

所以，一定要让无人机在可视范围内飞行，这样才能规避飞行风险。而且，不建议飞手以无人机贴近水面的方式进行拍摄，这样会造成安全隐患。如果一定要拍摄水面飞行的视频，建议在飞行前控制好初始高度，飞行时绝不打下降杆，只打上升杆。

1.1.4 排行榜四：返航时电量不足

很多新手在刚开始操控无人机的时候，都会有一种错觉，就是明明感觉没飞多久，怎么就没电了。很多人由于没有注意到这一问题，使无人机在飞行中由于电量不足而掉落，这是因为他们没有规划好时间和电量导致的结果。用户可以在系统中手动设置电量低于多少后报警，如当电量低于30%的时候，无人机会提示用户电量不足。这个时候，如果无人机飞得太远，返航时就会因电量不足而被强制原地下降，如图1-4所示。

图 1-4　强制无人机原地下降

如果剩余的电量飞不回起点了，这个时候该怎么办？建议飞手此时可调整无人机的摄像头垂直90度向下，抓紧时间寻找降落地点，优先寻找绿地等炸机可能性小的地方。如果能看到无人机的降落地点并停机，飞手应抓紧时间赶过去，避免被人捡走。这个时候不要关闭图传画面，它可以帮助我们快速找到无人机。

我们在操控无人机的时候，当它飞行的距离过远，屏幕中会发出警告信息，提示用户剩余电量仅够返航，这个时候我们就应该给无人机下达返航指令了。

1.1.5 排行榜五：起飞时提示视觉定位模式

无人机起飞时，由于GPS信号较弱，此时飞行界面中会提示用户无法起飞，或者提示无人机处于视觉定位模式，如图1-5所示。这个时候我们千万不要强行操控无人机起飞，可以先原地等待几分钟，等GPS信号正常了再起飞。

当无人机处于视觉定位模式下，如果我们强制它起飞，可能会导致无人机乱撞并炸机。这种炸机方式的发生频率比较高，也是新手容易犯的错误。

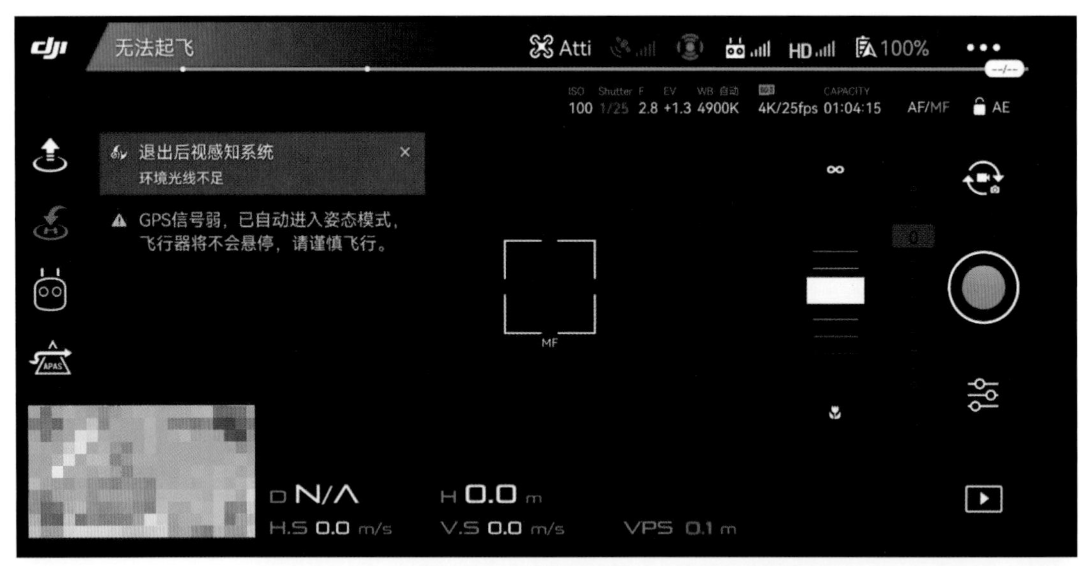

飞行界面提示无法起飞

飞行界面提示视觉定位

图 1-5 由于 GPS 信号弱导致的问题

1.1.6 排行榜六：无 GPS 信号的室内容易炸机

在室内飞行无人机，需要飞手具备一定的水平，因为室内基本没有GPS信号，无人机是依靠光线进行视觉定位，用的是姿态飞行模式，如图1-6所示。由于没有GPS定位，在飞行中偶尔会有不稳定感，即使无任何操作也有可能出现无人机“飘”而撞到物件的情况。所以，不建议新手用户在室内飞行无人机，等到操控十分精细，并且有特殊需要时再加以尝试。

图 1-6　视觉定位模式

1.2 心慌时刻：常用危机处理方法

我们在遥控无人机的过程中，会遇到很多突发事件，比如无人机无法定位、信号弱、指南针异常、图传信号丢失、遥控器信号中断，以及炸机后如何找回等。当遇到这一系列的问题时，对于新手来说往往会紧张、会不知所措。

本节将向用户介绍如何处理飞行中的突发事件，帮助大家解决这些常见问题。

1.2.1 危机一：无人机提示无法定位

有时候，无人机在起飞或飞行中会提示无法定位，如图1-7所示。这是因为GPS信号弱导致的。出现这种问题，我们只需要原地等待几分钟，如果GPS信号仍然不正常，就换一个宽敞一点的地方起飞，GPS信号可能就会恢复。如果在飞行中提示无法定位，此时飞手应调整遥控器的天线，等待几分钟，可能就会恢复信号连接。

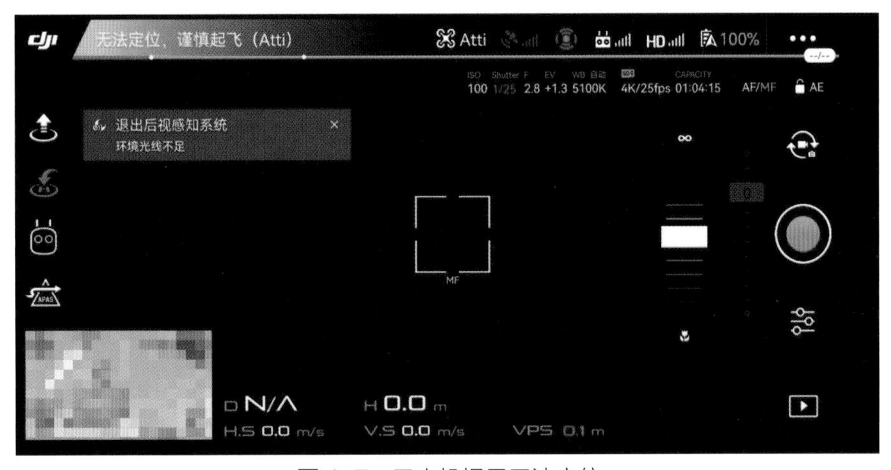

图 1-7　无人机提示无法定位

1.2.2 危机二：无人机提示信号弱

在飞行中，当GPS信号丢失或者GPS信号比较弱时，操控界面的左上角会提示用户“信号微弱，请避免遮挡并调整天线方向”，如图1-8所示。

图 1-8 无人机提示信号弱

当用户看到此类信息时，不要慌张，首先轻微调整天线的角度。有很多新手认为天线的顶端是信号最强的，于是把天线的顶端对准无人机，如图1-9所示。这样其实是不对的，正确的做法是把遥控器的天线平面对准无人机，此时无人机和遥控器的方向呈90°夹角，这个时候遥控器接收的信号才是最强的，如图1-10所示。当遥控器信号最强的时候，图传的质量才会更好。

图 1-9 遥控器天线错误的姿势

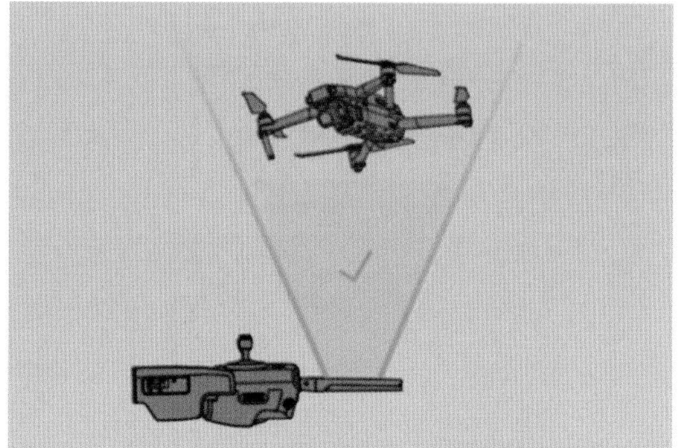

图 1-10 遥控器天线正确的姿势

1.2.3 危机三：无人机提示指南针异常

无人机起飞之前，当指南针受到干扰后，操控界面左上角的状态栏中会出现指南针异常的信息提示，而且会以红色显示，提示用户移动飞机或校准指南针，如图1-11所示。这个时候，用户只需要按照界面提示重新校准指南针即可，这是比较容易解决的问题。

图 1-11　显示指南针异常的信息提示

下面向读者介绍校准指南针的操作方法。

步骤 01 打开DJI GO 4 App，进入飞行界面后，如果IMU(全称inertial measurement unit)惯性测量单元和指南针没有正确运行，此时系统在状态栏中会有相关提示信息，点击状态栏中的“指南针异常……”提示信息，进入“飞行器状态列表”界面，如图1-12所示。其中，“模块自检”显示为“固件版本已是最新”，表示固件无须升级，但是下方的指南针异常，系统提示飞行器周围可能有钢铁、磁铁等物质，请用户带着无人机远离这些有干扰的环境，然后点击右侧的“校准”按钮。

图 1-12　校准指南针

步骤 02 在弹出的信息提示框中，点击“确定”按钮，如图1-13所示。

步骤 03 进入校准指南针模式，按照界面提示，水平旋转飞行器360度，如图1-14所示。

步骤 04 水平旋转后，界面中继续提示用户请竖直旋转飞行器360度，如图1-15所示。

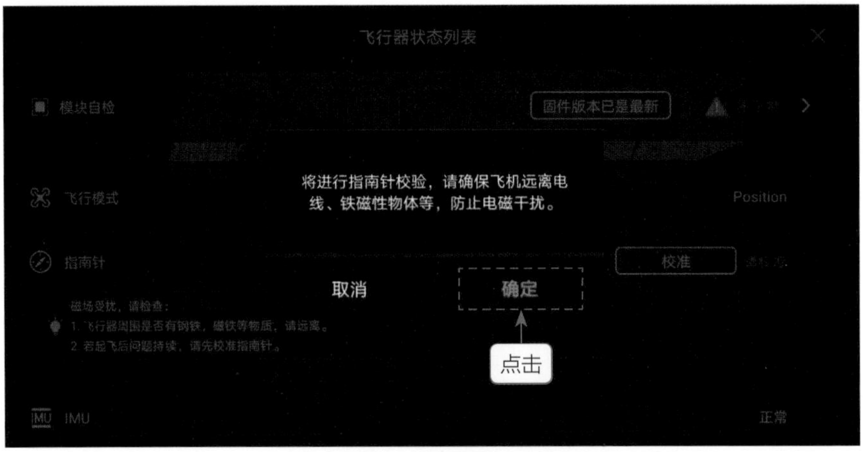

飞行器状态列表

模块自检 固件版本已是最新

飞行模式 Position

将进行指南针校验，请确保飞机远离电线、铁磁性物体等，防止电磁干扰。

指南针 校准

取消 确定

点击

IMU 正常

图 1-13　开始校准指南针

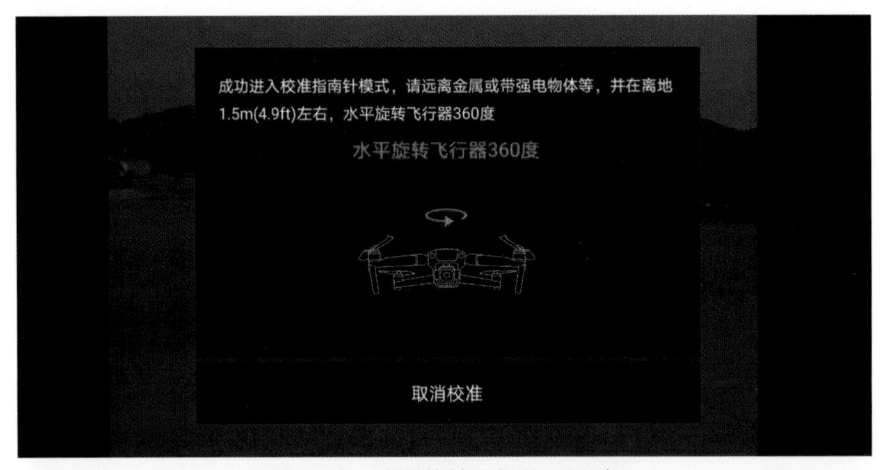

图 1-14　水平旋转飞行器 360 度

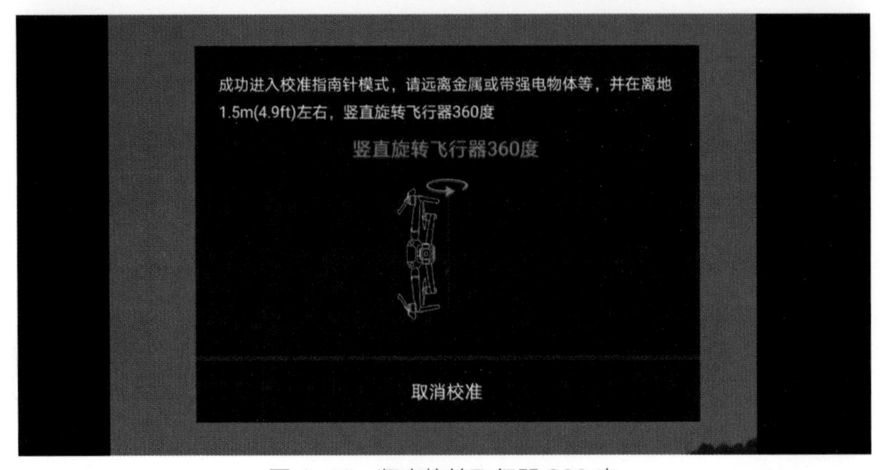

图 1-15　竖直旋转飞行器 360 度

步骤 05 当用户根据界面提示进行正确操作后，手机屏幕上将弹出提示信息框，提示用户指南针校准成功，点击“确认”按钮，如图1-16所示。

图 1-16　指南针校准成功

步骤 06 执行操作后，即可完成指南针的校准操作，此时飞行界面左上角提示“起飞准备完毕”的信息，如图1-17所示，说明指南针已经校准完成。

图 1-17　完成指南针的校准操作

1.2.4 危机四：显示图传信号丢失

当App上的图传信号丢失时，我们第一时间是尝试调整天线、转动自己，看能否重新获得图传信号。马上目视查找无人机，如果无人机目视可见，可以判断无人机的朝向，控制无人机返航。如果无人机目视不可见，很有可能被建筑遮挡，如果是高度上遮挡，可以尝试拉升无人机5秒钟，不可多操作；如果是方位遮挡，在确认安全的情况下，就要迅速移动，尝试避开建筑障碍，以重新获得图传。

如果还是没有图传信号，请检查App上方遥控器信号是否存在，然后打开全屏地图，尝试转动方向检查屏幕上无人机朝向是否有变化。如果有变化，说明只是图传丢失，仍然可以通过地图的方位指引无人机返航。

如果尝试了多种办法仍然无效，就要想一想原先App的失控设置。如果设置为返航，可以继续按返航键，然后等待无人机返航；如果设置为悬停，就要迅速赶往无人机最后失去图传的地址，很可能无人机还悬停在空中等待主人呢。

1.2.5 危机五：遥控器信号中断

在飞行的过程中，如果遥控器的信号中断了，这个时候千万不要随意拨动摇杆，正确的解决方案如下。

第一，先观察一下遥控器的指示灯，如果指示灯显示为红色，则表示遥控器与飞行器已中断，这个时候飞行器会自动返航，用户只需要在原地等待飞行器返回即可。

第二，调整好遥控器的天线，随时观察遥控器的信号是否与飞行器已连接上。

当用户恢复了遥控器与飞行器的信号连接后，需找出信号中断的原因，观察周围的环境对飞行器有哪些影响，以免下次再遇到同样的情况。

1.2.6 危机六：无人机炸机后找回

无人机炸机后，如果摔得不严重，电池还在舱内并与遥控器保持连接，可以通过App上的“找飞机”功能确定坠机位置，到附近时还可以打开无人机鸣叫功能帮助定位；如果摔得比较严重，就只能尽快前往坠落点附近进行肉眼搜寻。

如果用户不知道无人机失联前在天空中的具体位置，则可以用手机拨打大疆官方的客服电话，通过客服的帮助寻回无人机。除了寻求客服的帮助，我们还有什么办法可以寻回无人机呢？下面介绍一种特殊的位置寻回法，具体操作步骤如下。

步骤 01 进入DJI GO 4 App主界面，点击右上角的“设置”按钮☰，如图1-18所示。

步骤 02 在弹出的列表框中，选择“飞行记录”选项，如图1-19所示。

图 1-18 点击“设置”按钮

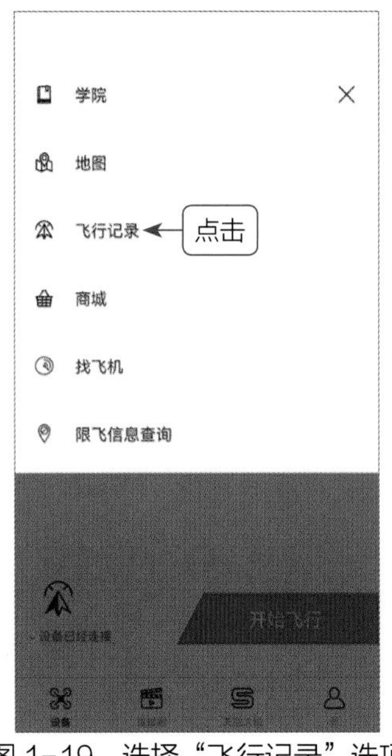

图 1-19 选择“飞行记录”选项

步骤 03 进入个人中心界面，最底下有一个“记录列表”界面，如图1-20所示。

步骤 04 从下往上滑动屏幕，点击最上方的一条飞行记录，如图1-21所示。

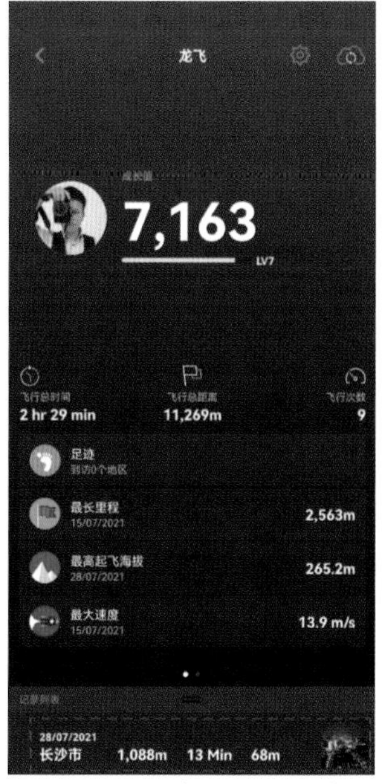

图 1-20 查看记录列表

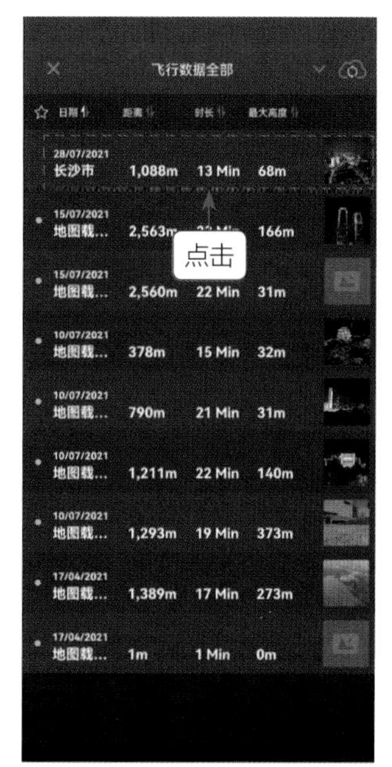

图 1-21 点击飞行记录

步骤 05 在打开的地图界面中，可以查看无人机最后一条飞行记录，如图1-22所示。

步骤 06 ❶将界面最底端的滑块拖曳至右侧；❷可以查看到飞行器最后时刻的坐标值，如图1-23所示。通过这个坐标值，也可以找到无人机的大概位置。目前，大部分的无人机坠机记录点的误差在10米以内，能很容易被找到。

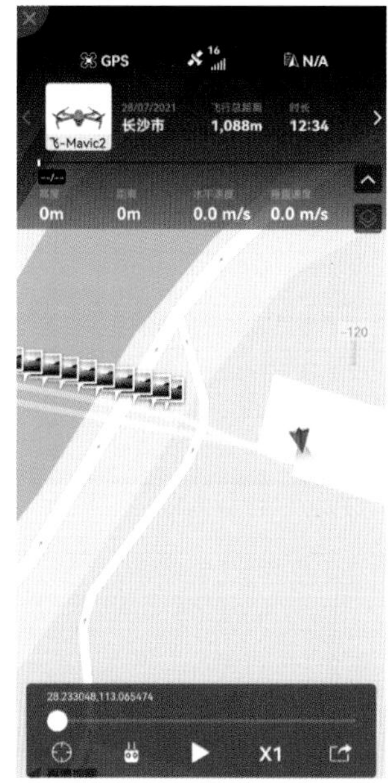

图 1-22 查看无人机飞行记录

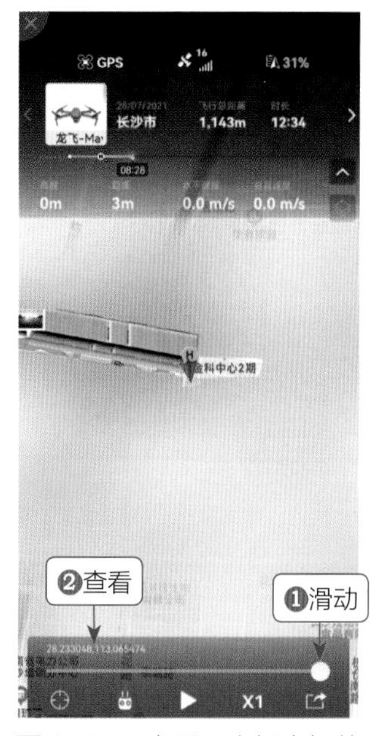

图 1-23 查看无人机坐标值

步骤 07 打开“奥维互动地图”App，点击界面上方的“搜索”按钮，如图1-24所示。

步骤 08 进入搜索界面，在上方输入步骤6中查询到的坐标值，如图1-25所示。

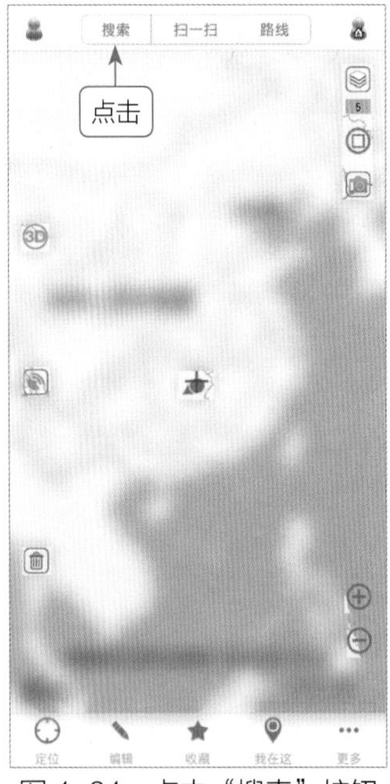

图 1-24　点击“搜索”按钮

图 1-25　输入坐标值

步骤 09 点击“搜索”按钮，即可搜索到无人机所在的地理位置，如图1-26所示。

步骤 10 双指滑动屏幕，放大地图，即可显示无人机的具体位置，如图1-27所示。定位后应迅速前往这个地点寻找无人机。

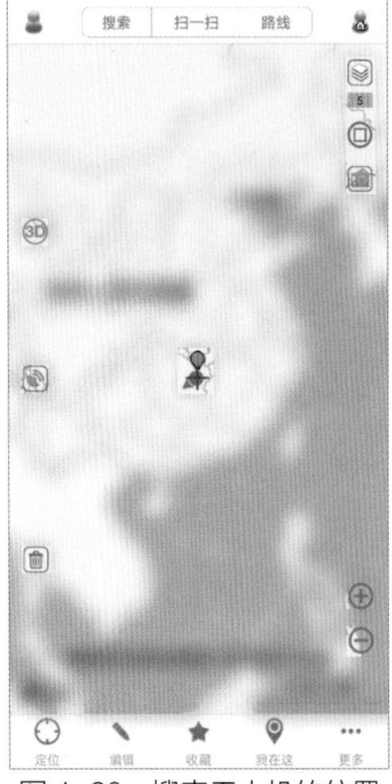

图 1-26　搜索无人机的位置

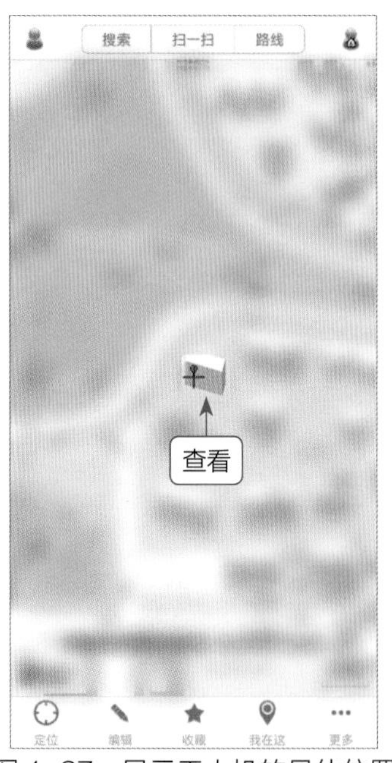

图 1-27　显示无人机的具体位置

1.3 首次上手：无人机的基本操作

当我们每次看到那些在高空中拍摄出来的照片和视频时，都会很震撼，常常被这种独特的视角所吸引。因此，很多摄影爱好者与普通用户也想拥有一台自己的无人机，以便拍摄出城市、古镇、家乡广阔的美景。

本节主要讲解无人机的基本操作，帮助用户熟悉无人机。

1.3.1 选择一款适合自己的无人机

作为一名无人机航拍新手，应该如何选购无人机呢？笔者有以下几点建议。

① 追求性价比，可以选择大疆Mavic Air 2，参考价格为4999元左右。

② 追求画质，预算充足，可以选择大疆Mavic 2 Pro，参考价格为9888元左右。

③ 追求便携，预算有限，可以选择大疆Mavic Mini 2，参考价格为2899元左右。

④ 预算紧张，千元以内，可以选择大疆特洛Tello，参考价格为700元左右。

⑤ 如果是航拍电影、电视剧、商业广告等，可以选择购买大疆的悟Inspire系列。

⑥ 如果本身有一定的摄影水平，为了拓展自己的职业技能，而进入航拍领域的话，可以购买大疆的精灵系列与御系列。

御系列(Mavic Air 2和Mavic Mini 2)的两款热门无人机，如图1-28所示。

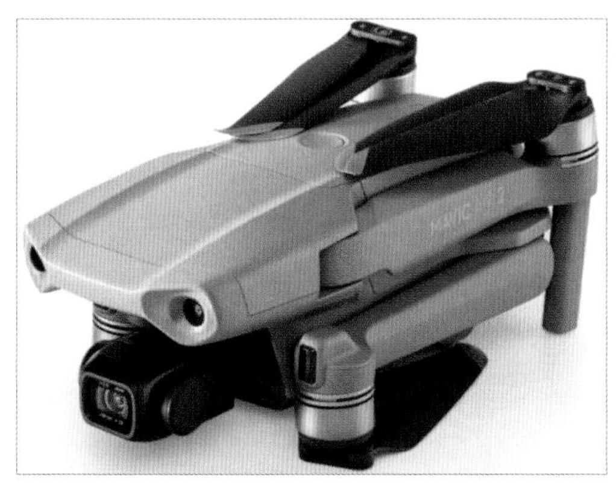

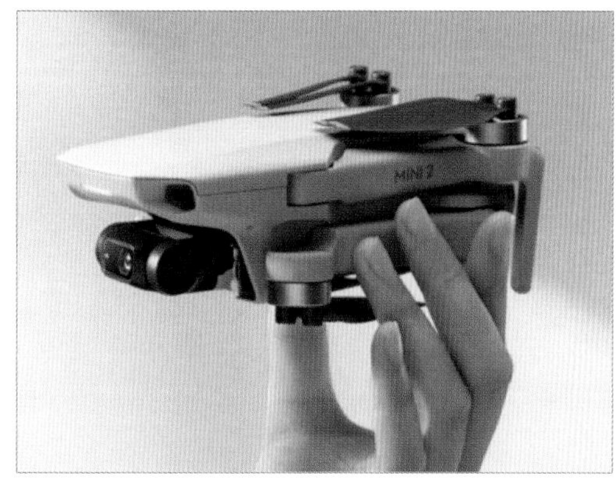

图 1-28　Mavic Air 2 和 Mavic Mini 2 机型

1.3.2 安装、注册并连接 DJI GO 4 App

无人机是一个飞行器，需要配合DJI GO 4 App的使用，才能在天空中飞得更好、更安全。下面向读者讲解DJI GO 4 App的使用技巧，如安装、注册并连接DJI GO 4 App等。

1. 安装 DJI GO 4 App

在手机应用商店中即可下载DJI GO 4 App。进入手机应用商店，找到界面上方的搜索栏，输入需要搜索的应用DJI GO 4，点击搜索到的DJI GO 4 App，并点击下方的“安装”按钮开始安装，界面下方会显示安装进度，如图1-29所示。安装完成后，点击界面下方的“打开”按钮，如图1-30所示。

图1-29 安装App

图1-30 打开App

2. 注册并登录 DJI GO 4 App

当用户在手机中安装好DJI GO 4 App后，接下来需要注册并登录，这样才能在DJI GO 4 App中拥有属于自己独立的账号。该账号中会显示用户的用户名、作品数、粉丝数、关注数，以及收藏数等信息。下面介绍注册并登录DJI GO 4 App的操作方法。

步骤 01 进入DJI GO 4 App工作界面，点击左下方的“注册”按钮，如图1-31所示。

步骤 02 进入“注册”界面，❶在上方输入手机号码；❷点击“获取验证码”按钮，官方平台会将验证码发送到该手机号码上；❸当用户收到验证码后，在左侧文本框中输入验证码信息，如图1-32所示。

图1-31 点击注册

图1-32 输入验证码信息

步骤 03 信息输入完成后，点击“确认”按钮，进入“设置新密码”界面，❶在其中输入账号的密码，并重复输入一次密码；❷点击“注册”按钮，如图1-33所示。

步骤 04 注册成功后，进入“完善信息”界面，❶在其中设置好用户信息；❷点击“完成”按钮，如图1-34所示。

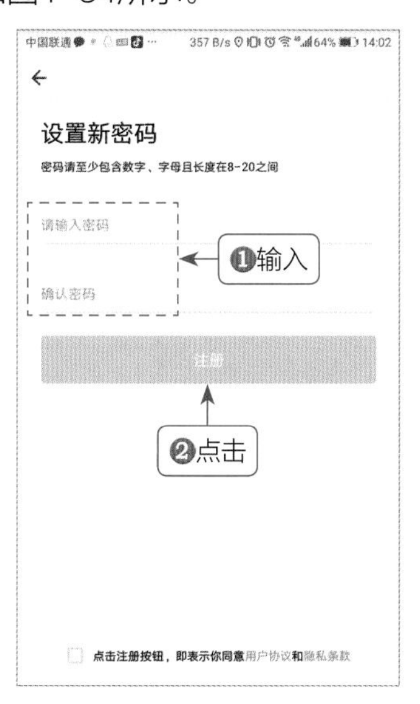

图 1-33 设置密码并注册

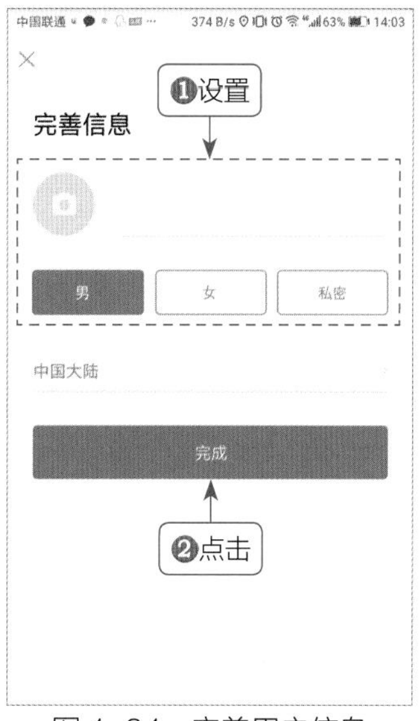

图 1-34 完善用户信息

步骤 05 完成账号信息的填写，进入“设备”界面，点击“御2”设备，如图1-35所示。

步骤 06 进入“御2”界面，即可完成App的注册与登录操作，如图1-36所示。

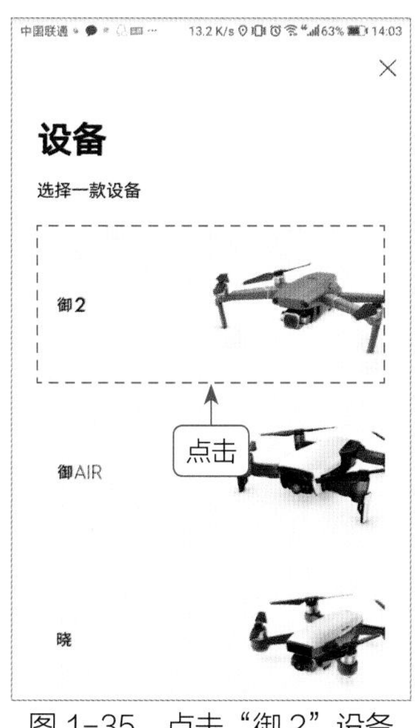

图 1-35 点击“御 2”设备

图 1-36 完成登录操作

3. 连接无人机

当用户注册与登录DJI GO 4 App后，需要将App与无人机设备进行正确连接，这样才可以通过DJI GO 4 App对无人机进行飞行控制。下面介绍连接无人机的操作方法。

步骤 01 进入DJI GO 4 App主界面，点击“进入设备”按钮，进入“选择下一步操作”界面，点击“连接飞行器”按钮，如图1-37所示。

步骤 02 进入“展开机臂和安装电池”界面，根据界面提示，展开无人机的前机臂和后机臂，然后将电池放入电池仓。操作完成后，点击屏幕中的“下一步”按钮，进入“开启飞行器和遥控器”界面。根据界面提示，开启飞行器和遥控器，操作完成后，点击“下一步”按钮，如图1-38所示。

步骤 03 进入“连接遥控器和移动设备”界面，通过遥控器上的转接线，将手机与遥控器进行正确连接，并固定好，稍后屏幕界面中提示设备已经连接成功，点击“完成”按钮，如图1-39所示，即可成功连接。

图 1-37　连接飞行器

图 1-38　开启飞行器和遥控器

图 1-39　完成连接

1.3.3　掌握 DJI GO 4 的相机界面

当我们将无人机与手机连接成功后，接下来进入相机飞行界面，认识DJI GO 4相机界面中的各按钮和图标的功能，帮助我们更好地掌握无人机的飞行技巧。在DJI GO 4 App主界面中，点击“开始飞行”按钮，即可进入无人机图传飞行界面，如图1-40所示。

下面详细介绍图传飞行界面中各按钮的含义及功能。

❶ **主界面**：点击该图标，将返回DJI GO 4的主界面。

❷ **飞行器状态提示栏** 飞行中（GPS）：在该状态栏中，显示了飞行器的飞行状态，如果无人机处于飞行中，则提示“飞行中”的信息。

❸ **飞行模式** Position：显示了当前的飞行模式。点击该图标，将进入“飞控参数设置”界面，在其中可以设置飞行器的返航点、返航高度，以及新手模式等。

❹ **GPS状态**：该图标用于显示GPS信号的强弱，如果只有一格信号，则说明当前GPS信号非常弱，如果强制起飞，会有炸机和丢机的风险；如果显示五格信号，说明当前

GPS信号非常强，用户可以放心地起飞无人机设备。

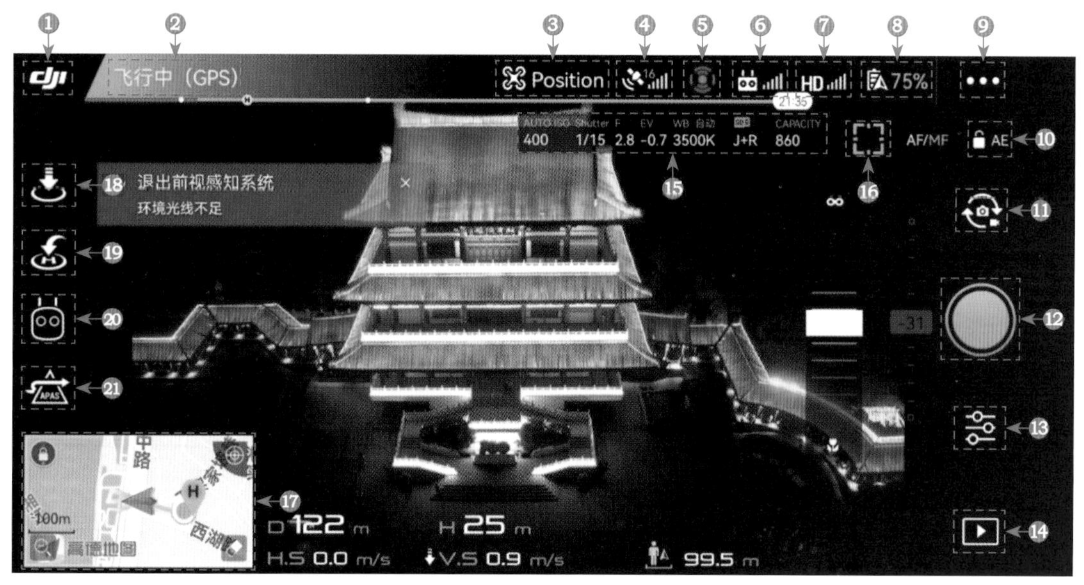

图 1-40　无人机图传飞行界面

⑤ **障碍物感知功能状态**：该图标用于显示当前飞行器的障碍物感知功能是否能正常工作。点击该图标，进入“感知设置”界面，可以设置无人机的感知系统及辅助照明等。

⑥ **遥控链路信号质量**：该图标显示遥控器与飞行器之间遥控信号的质量，如果只有一格信号，则说明当前信号非常弱；如果显示五格信号，则说明当前信号非常强。点击该图标，可以进入“遥控器功能设置”界面。

⑦ **高清图传链路信号质量**：该图标显示飞行器与遥控器之间高清图传链路信号的质量，如果信号质量高，则图传画面稳定、清晰；如果信号质量差，则可能会中断手机屏幕上的图传画面信息。点击该图标，可以进入“图传设置”界面。

⑧ **电池设置**：实时显示当前无人机设备电池的剩余电量，如果飞行器出现放电短路、温度过高、温度过低或者电芯异常，界面都会给出相应提示。点击该图标，可以进入“智能电池信息”界面。

⑨ **通用设置**：点击该按钮，可以进入“通用设置”界面，在其中可以设置相关的飞行参数、直播平台，以及航线操作等。

⑩ **自动曝光锁定**：点击该按钮，可以锁定当前的曝光值。

⑪ **拍照/录像切换按钮**：点击该按钮，可以在拍照与拍视频之间进行切换，当用户点击该按钮后，将切换至拍视频界面，按钮也会发生相应变化，变成录像机样式的按钮。

⑫ **拍照/录像按钮**：点击该按钮，可以开始拍摄照片，或者开始录制视频画面，再次点击该按钮，将停止视频的录制操作。

⑬ **拍照参数设置**：点击该按钮，在弹出的面板中，可以设置拍照与录像的各项参数。

⑭ **素材回放**：点击该按钮，可以回看自己拍摄过的照片和视频文件，实时查看素材拍摄的效果。

⑮ **相机参数**：显示当前相机的拍照/录像参数，以及剩余的可拍摄容量。

⑯ **对焦/测光切换按钮**：点击该图标，可以切换对焦和测光的模式。

⑰ **飞行地图与状态**：该图标是以高德地图为基础，显示了当前飞行器的姿态、飞行方向及雷达功能。点击该图标，即可放大地图显示，查看飞行器目前的具体位置。

⑱ **自动起飞/降落**：点击该按钮，可以使用无人机的自动起飞与自动降落功能。

⑲ **智能返航**：点击该按钮，可以启动无人机的智能返航功能，帮助用户一键返航无人机。用户需要注意，当我们使用一键返航功能时，一定要先更新返航点，以免无人机飞到其他地方，而不是用户当前所站的位置。

⑳ **智能飞行**：点击该按钮，可以使用无人机的智能飞行功能，如兴趣点环绕、一键短片、延时摄影、智能跟随，以及指点飞行等模式。

㉑ **避障功能**：点击该按钮，将弹出“安全警告”提示信息，提示用户在使用遥控器控制飞行器向前或向后飞行时，将自动绕开障碍物。

1.3.4 认识遥控器上的操作功能

以大疆御Mavic 2专业版为例，这款无人机的遥控器采用OCUSYNCTM2.0高清的图传技术，通信距离最大可在8千米以内，通过手机屏幕可以高清显示拍摄的画面。遥控器的电池最长工作时间为1小时15分钟左右。

遥控器上的各功能按钮，如图1-41所示。

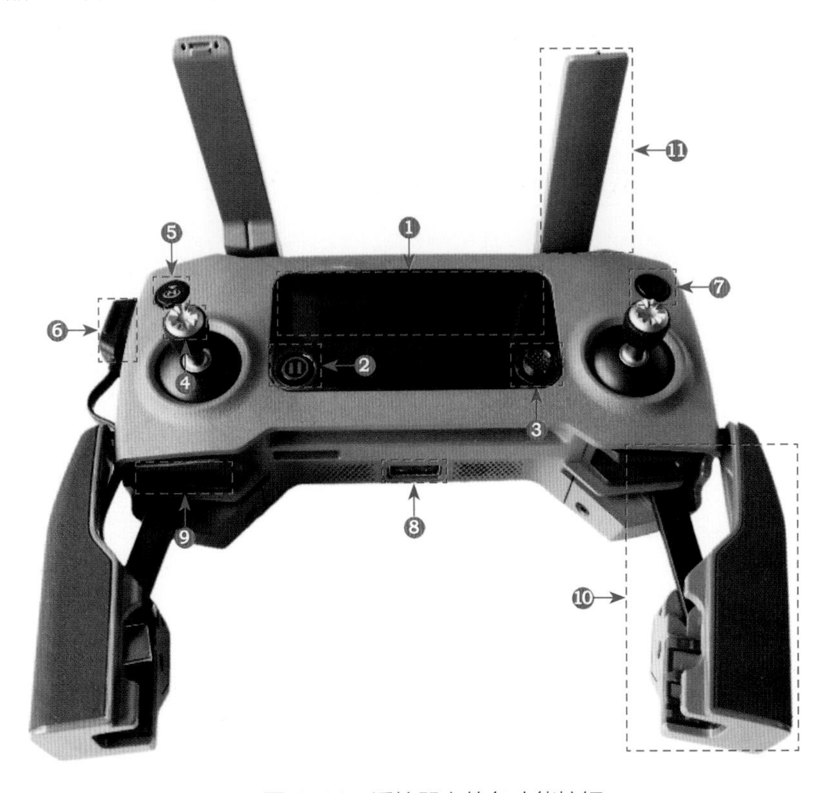

图 1-41 遥控器上的各功能按钮

图 1-41 遥控器上的各功能按钮(续)

下面详细介绍遥控器中各按钮的含义及功能。

❶ **状态显示屏**：可以实时显示飞行器的飞行数据，如飞行距离、飞行高度，以及剩余的电池电量等信息。

❷ **急停按钮**：在无人机飞行的过程中，如果中途出现特殊情况需要停止飞行，用户可以按下此按钮，飞行器将停止当前的一切飞行活动。

❸ **五维按钮**：这是一个自定义功能键，用户可以在飞行界面点击右上角的“通用设置”按钮•••，打开“通用设置”界面，在左侧点击“遥控器”按钮，进入“遥控器功能设置”界面，在其中可以自定义设置五维键的功能。

❹ **可拆卸摇杆**：摇杆主要负责飞行器的飞行方向和飞行高度，如前、后、左、右、上、下，以及旋转等。

❺ **智能返航键**：长按智能返航键，将发出“嘀嘀”的声音，此时飞行器将返航至最新记录的返航点。在返航过程中，还可以使用摇杆控制飞行器的飞行方向和速度。

❻ **主图传/充电接口**：该接口有两个作用：一是用来充电；二是用来连接遥控器和手机，通过手机屏幕查看飞行器的图传和飞行信息。接口形式为Micro USB。

❼ **电源按钮**：首先短按一次电源按钮，状态显示屏上将显示遥控器当前的电量信息，然后再长按3秒，即可开启遥控器，显示开机信息。关闭遥控器的方法也是一样的，首先短按一次，然后长按3秒，即可关闭遥控器。

❽ **备用图传接口**：这是备用的USB图传接口，如果拔下主图传接口数据线后，可用USB数据线将其与平板电脑连接。

❾ **摇杆收纳槽**：当用户不再使用无人机时，需要将摇杆取下，放进该收纳槽中。

❿ **手柄**：操控人员双手握住，手机放在两个手柄的中间卡槽位置，用于稳定手机等移动设备。

⓫ **天线**：用于接收信号，准确与飞行器进行信号接收与信息传达。

⓬ **录影按钮**：按下该按钮，可以开始或停止视频画面的录制操作。

⑬ **对焦/拍照按钮：** 该按钮为半按状态时，可以为画面对焦；按下该按钮，可以拍照。

⑭ **云台俯仰控制拨轮：** 可以实时调节云台的俯仰角度和方向。

⑮ **光圈/快门/ISO调节拨轮：** 可以根据拍摄模式调节光圈、快门和ISO的具体参数，点按可以切换调节选项，滚动可以调节具体数值。

⑯ **自定义功能按键C1：** 该按钮默认情况下具有中心对焦功能，用户可以在DJI GO 4 App的“通用设置”界面中，自定义设置功能按键。

⑰ **自定义功能按键C2：** 该按钮默认情况下具有回放功能，用户可以在DJI GO 4 App的“通用设置”界面中，自定义设置功能按键。

1.3.5 认识状态显示屏的信息

要想使无人机安全飞行，就需要掌握遥控器状态显示屏中的各功能信息，熟知它们代表的具体含义，如图1-42所示。

图 1-42 遥控器状态显示屏

下面简要介绍状态栏中各信息的含义。

❶ **飞行速度：** 显示飞行器当前的飞行速度。

❷ **飞行模式：** 显示当前飞行器的飞行模式，OPTI是指视觉模式。如果显示的是GPS，则表示当前是GPS模式。

❸ **飞行器的电量：** 显示当前飞行器的剩余电量信息。

❹ **遥控器信号质量：** 显示信号强度，五格代表信号质量非常好，如果只有一格信号，表示信号弱。

❺ **电机转速：** 显示当前电机转速数据。

❻ **系统状态：** 显示当前无人机系统的状态信息。

❼ **遥控器电量：** 显示当前遥控器的剩余电量信息。

❽ **下视视觉系统显示高度：** 显示飞行器下视视觉系统的高度数据。

❾ **视觉系统：** 此处显示的是视觉系统的名称。

⑩ **飞行高度**：显示当前飞行器飞行的高度。

⑪ **相机曝光补偿**：显示相机曝光补偿的参数值。

⑫ **飞行距离**：显示当前飞行器起飞后与起始位置的距离值。

⑬ **SD卡**：这是SD卡的检测提示，表示SD卡是否正常。

1.3.6 固件升级能解决大部分飞行问题

既然是系统设备，就会有系统更新，不管哪一款无人机，都会遇到固件升级问题。更新和升级系统可以帮助无人机修复系统漏洞，或者新增某些功能，提升飞行的安全性。我们在进行系统固件升级前，一定要保证有足够的电量，以免升级过程中断，导致无人机系统崩溃。

每一次开启无人机时，DJI GO 4 App都会进行系统版本的检测，界面上会显示相应的检测提示信息，如图1-43所示。如果系统是最新版本的，就不需要升级，系统可以正常使用，如图1-44所示。如果系统的版本不是最新的，则界面顶端会弹出红色的提示信息，提示用户可以升级的固件类型，这里提示飞行器与遥控器固件都需要升级，如图1-45所示。

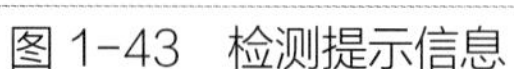
图1-43 检测提示信息

图1-44 设置已检测完毕

图1-45 点击红色信息内容

在图1-45中，点击上方红色信息内容，进入“固定升级”界面，其中详细介绍了更新相关信息，以及注意事项，点击“开始升级”按钮，如图1-46所示。弹出提示信息框，点击“继续”按钮，如图1-47所示。此时程序开始下载升级包，并显示下载进度，稍等片刻，待升级包下载完成后，将自动上传到固件程序，为固件进行升级操作，并显示上传进度，如图1-48所示。

上传完成后，界面弹出提示信息框，提示遥控器固件升级成功，需要重新启动遥控器与飞行器，点击“确定”按钮，如图1-49所示。返回“固件升级”界面，点击“完成”按钮，如

图1-50所示，完成固件的升级操作。重新启动遥控器与飞行器，打开DJI GO 4 App，此时界面上方显示版本正在检测，检查固件版本信息，如图1-51所示。

图 1-46 开始升级

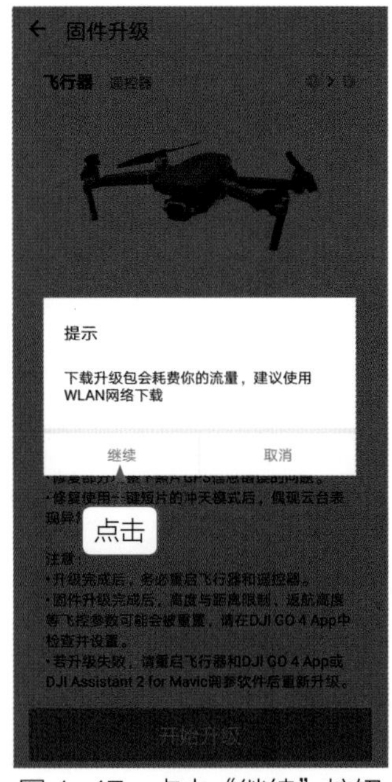

图 1-47 点击“继续”按钮

图 1-48 显示上传进度

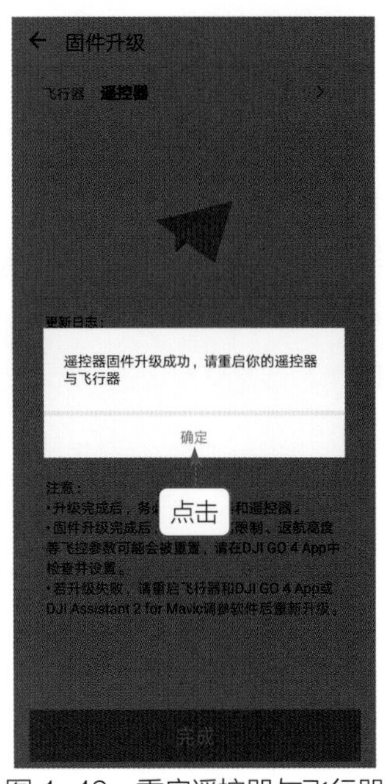

图 1-49 重启遥控器与飞行器

图 1-50 完成固件升级

图 1-51 检查固件版本信息

稍等片刻，弹出“固件版本不一样”的信息，提示用户电池模块的固件也需要升级。上面我们是对遥控器与飞行器的固件进行了升级，接下来就对电池的固件进行升级。从左向右滑开“滑动来刷新”按钮，如图1-52所示。稍后界面上方显示固件正在升级中，并显示升级进度，如图1-53所示。待升级完成后，程序再次进行版本检测，如果全部固件已升级完成，则会提示“您的设备版本已最新！”，如图1-54所示。

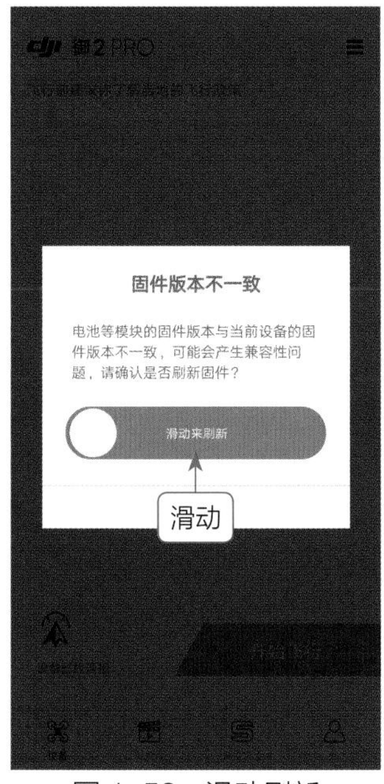

图 1-52　滑动刷新　　图 1-53　开始升级中　　图 1-54　更新完成

固件升级可以保证无人机飞控系统的稳定性，解决一些系统程序中存在的漏洞。接下来，大家可以带着自己的无人机去户外安全地飞行了。

1.3.7　起飞前的安全检查与事项

飞行前，我们可以按照以下顺序，再次检查、开启无人机，确保起飞的安全性。

① 将无人机放在干净、平整的地面上起飞，千万不能在灰尘比较多的地方起飞，也不能在草地上起飞，这样会对无人机产生磨损。

② 取下相机的保护罩，确保相机镜头的清洁。

③ 首先开启遥控器，然后开启无人机。

④ 正确连接遥控器与手机。

⑤ 校准指南针信号和IMU。

⑥ 等待GPS定位系统锁定。

⑦ 检查LED显示屏是否正常。

⑧ 检查DJI GO 4 App启动是否正常，图传画面是否正常。

⑨ 如果一切正常，就可以准备起飞了。

在沙漠地区使用无人机时，要注意不能让云台接触沙石，如果进沙会造成云台活动受阻，同样会影响云台的性能。如果发现云台水平存在误差，可以进入云台选项进行自动校准，保持云台的最佳平衡。

第2章

简单飞行：适合新手的航拍手法

在进行航拍工作之前，我们先要学会一些基本的入门级飞行动作，因为复杂的飞行动作都是由一个个简单的飞行动作所组成的，等用户熟练掌握了这些简单的飞行动作后，通过不断练习熟能生巧，就可以自由掌控无人机了。

2.1 首次飞行：起飞与降落无人机

无人机在起飞与降落的过程中很容易发生事故，所以我们要熟练掌握无人机的起飞与降落操作，主要包括自动起飞与降落、手动起飞与降落，以及手持起飞与降落等。

2.1.1 自动起飞与降落

使用“自动起飞”功能可以帮助用户一键起飞无人机，既方便又快捷。下面介绍自动起飞与降落无人机的操作方法。

步骤 01 将飞行器放在水平地面上，依次开启遥控器与飞行器的电源，当左上角状态栏显示“起飞准备完毕(GPS)”的信息后，点击左侧的“自动起飞”按钮，如图2-1所示。

图 2-1　点击“自动起飞”按钮

步骤 02 执行操作后，弹出提示信息框，提示用户是否确认自动起飞，根据提示向右滑动起飞，如图2-2所示。

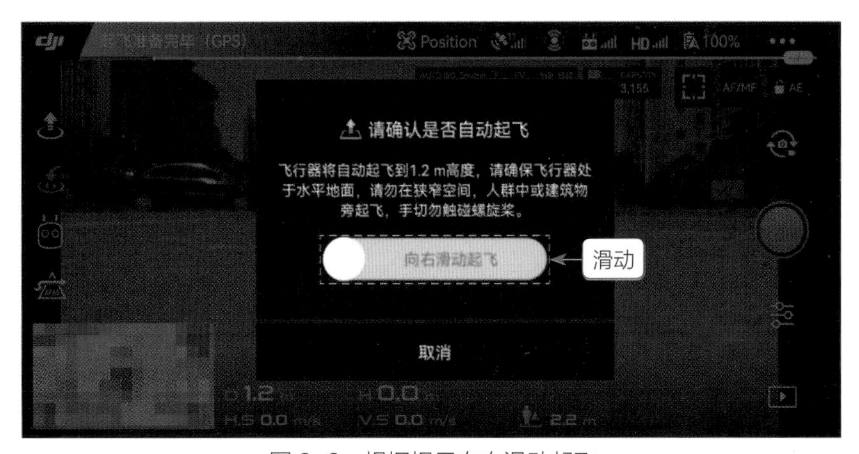

图 2-2　根据提示向右滑动起飞

步骤 03 此时，无人机即可自动起飞，当无人机上升到1.2m的高度后，将自动停止上升，需要用户轻轻向上拨动左遥控(以美国手[①]为例)，继续将无人机向上升，状态栏显示“飞行中(GPS)”的提示信息，表示飞行状态安全，如图2-3所示。

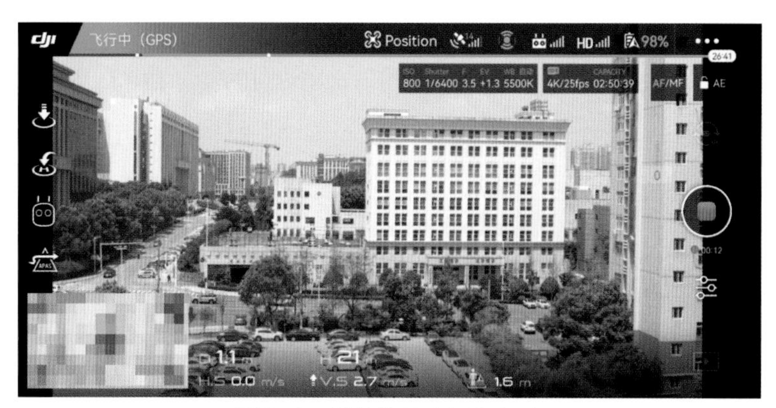

图 2-3 继续将无人机向上升

步骤 04 当用户需要降落无人机时，可点击左侧的“自动降落”按钮，如图2-4所示。

图 2-4 点击“自动降落”按钮

步骤 05 执行操作后，弹出提示信息框，提示用户确认是否自动降落操作，点击“确认”按钮，如图2-5所示。

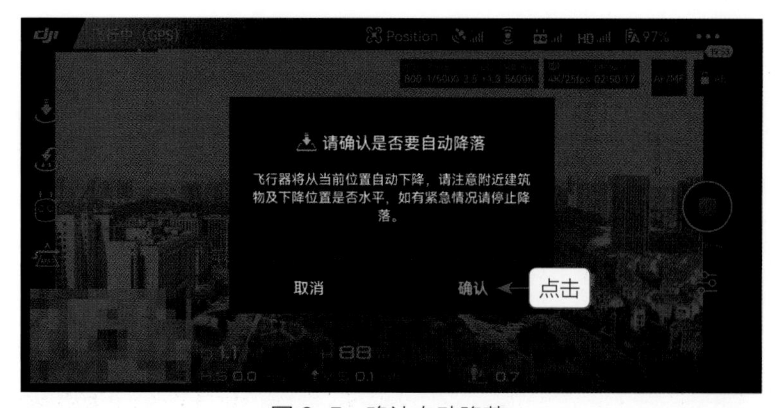

图 2-5 确认自动降落

① 美国手：遥控器的左摇杆控制无人机的上升 / 下降、顺时针 / 逆时针旋转；右摇杆控制无人机的向前 / 向后、向左 / 向右水平飞行。由于早期使用这种操作模式的无人机玩家集中在美国，因此被称为“美国手”。

步骤 06 此时，无人机将自动降落，页面中提示“飞行器正在降落，视觉避障关闭”的提示信息，如图2-6所示。用户要保证无人机下降的区域内没有任何遮挡物或人，当无人机下降到水平地面上，即可完成降落操作。

图 2-6　无人机自动降落

2.1.2 手动起飞与降落

接下来开始学习如何手动起飞无人机，下面介绍具体的操控方法。

步骤 01 准备好遥控器与飞行器，在手机中，打开DJI GO 4 App，进入App启动界面，如图2-7所示。

步骤 02 稍等片刻，进入DJI GO 4 App主界面，左下角提示设备已经连接，点击右侧的“开始飞行”按钮，如图2-8所示。

图 2-7　进入 App 启动界面

图 2-8　点击“开始飞行”按钮

步骤 03 进入DJI GO 4飞行界面，当用户校正好指南针后，状态栏中将提示“起飞准备完毕(GPS)”的信息，表示飞行器已经准备好，用户随时可以起飞，如图2-9所示。

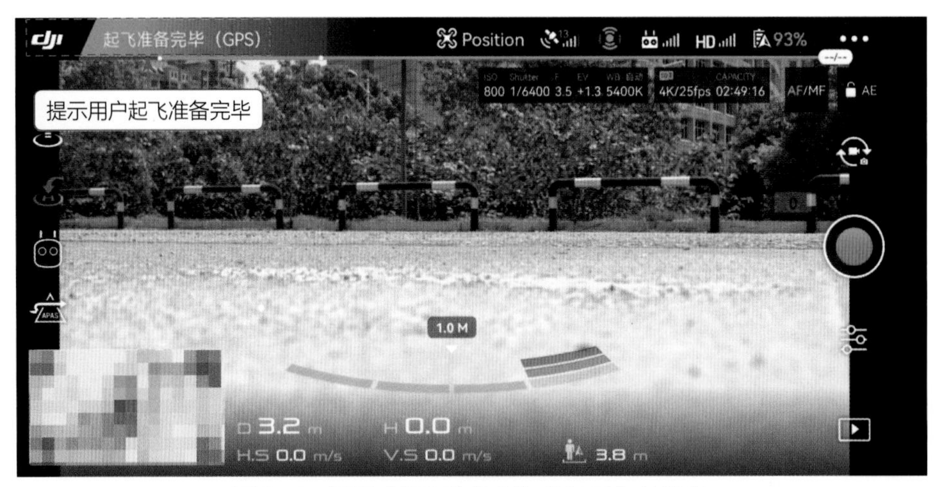

图 2-9　提示“起飞准备完毕 (GPS)”的信息

步骤 04 接下来，我们通过拨动操作杆的方向来启动电机，可以将两个操作杆同时往内摇杆，或者同时往外摇杆，即可启动电机，如图2-10所示。此时螺旋桨启动，开始旋转。

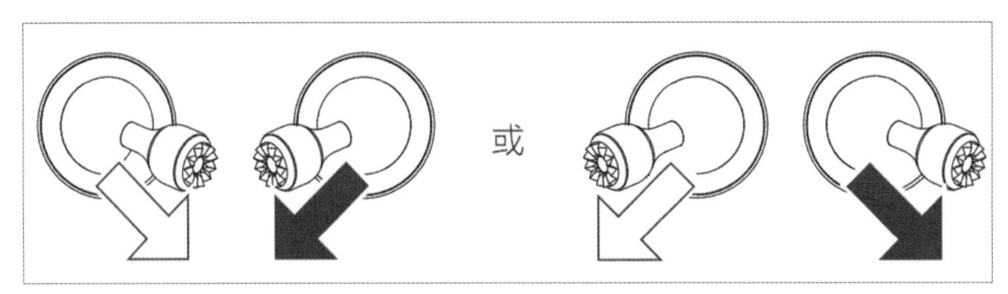

图 2-10　同时往内摇杆或者同时往外摇杆启动电机

步骤 05 接下来，我们开始起飞无人机。将左摇杆缓慢向上推动，如图2-11所示，飞行器即可起飞，慢慢上升，当我们停止向上推动油门时，飞行器将在空中悬停。这样，我们就正确安全地操控无人机起飞了。

步骤 06 当飞行完毕后，要开始下降无人机时，可以将左摇杆缓慢向下推动，如图2-12所示，无人机即可缓慢降落。

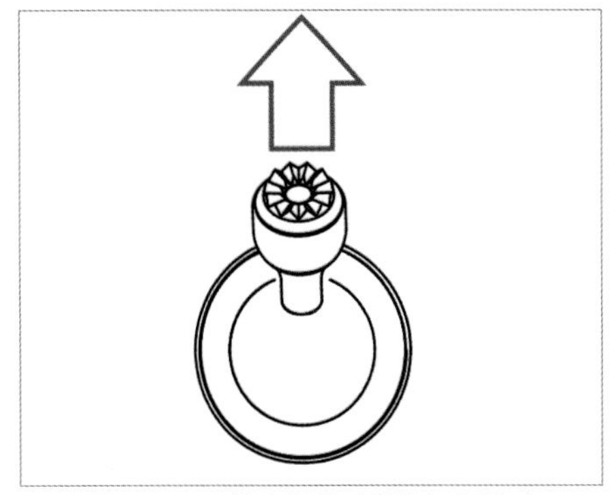

图 2-11　将左摇杆缓慢向上推动

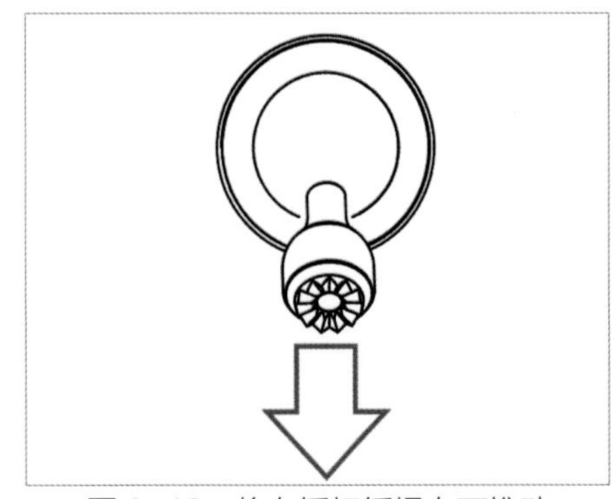

图 2-12　将左摇杆缓慢向下推动

步骤 07 当无人机降落至地面后，用户可以通过两种方法停止电机的运转，一种是将左摇杆推到最低的位置并保持3秒，电机停止；第二种方法是执行掰杆动作，将两个操作杆同时往内摇杆，或者同时往外摇杆，即可停止电机。

2.1.3 手持起飞与降落

当无人机起飞的地面不太平整，或者有很多细沙的时候，此时可以通过手持无人机的方式进行起飞与降落，下面介绍具体的操作方法。

步骤 01 单手举起无人机，无人机的螺旋桨要与人物保持一定的距离，如图2-13所示。

图 2-13　单手举起无人机

步骤 02 将两个操作杆同时往内摇杆，启动电机，此时螺旋桨开始旋转，如图2-14所示。

图 2-14　螺旋桨开始旋转

步骤 03 将左摇杆缓慢向上推动，无人机即可起飞，慢慢上升。当我们需要下降无人机时，需要先关闭无人机的避障功能，点击右上角的“通用设置”按钮•••，如图2-15所示。

图 2-15　点击“通用设置”按钮

步骤 04 进入“感知设置”界面，关闭“启用前/后视感知系统”功能，此时上方显示“避障未开启”的信息提示，如图2-16所示。

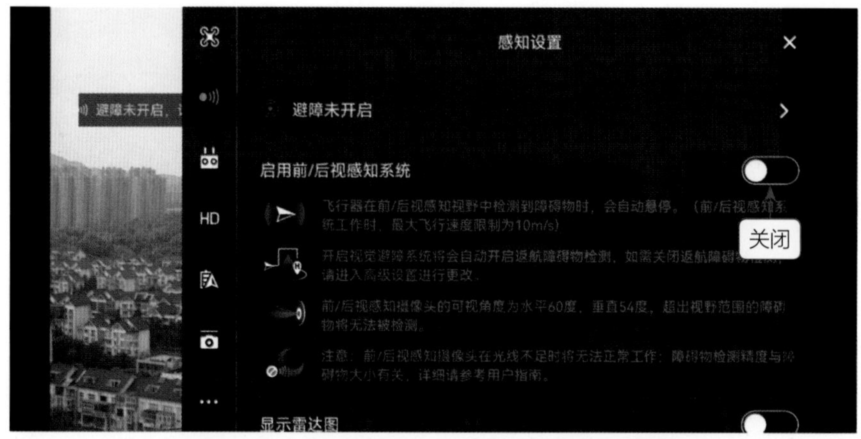

图 2-16　关闭“启用前 / 后视感知系统”功能

步骤 05 滑动界面至下方，选择“高级设置”选项，进入“高级设置”界面，关闭“启动下视定位”和“返航障碍物检测”功能，如图2-17所示。

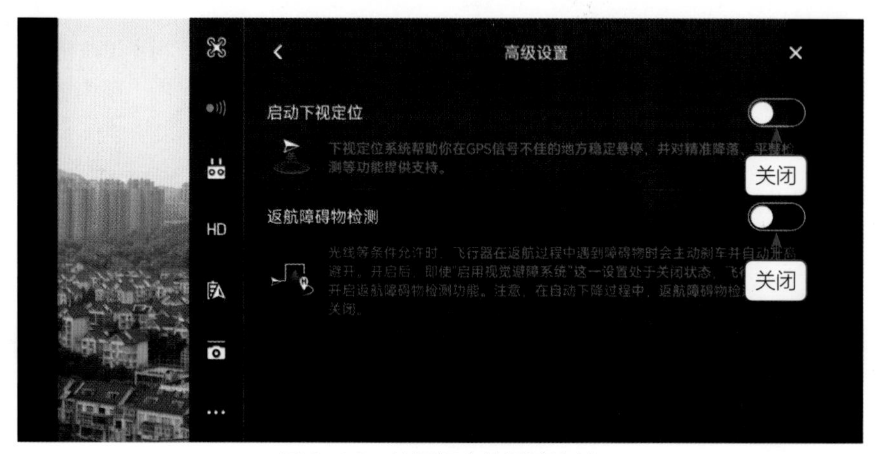

图 2-17　关闭相应的避障功能

步骤 06 当我们关闭了无人机的避障功能后，无人机就不能识别下方的障碍物，此时将无人机下降到一定位置后，单手接住无人机，如图2-18所示。然后将左摇杆推到最低的位置并保持3秒，电机停止，完成手持降落的操作。

图 2-18　单手接住无人机

2.1.4　在车上起飞与降落

当我们在户外旅行的时候，如果地面不适合无人机起飞，此时可以把汽车的天窗打开，人站在座椅上，从天窗的位置起飞与降落无人机，或者将无人机放在车头比较平整的位置，如图2-19所示。具体的起飞/降落方法与手持起飞/降落的方法一致。

从天窗的位置起飞与降落无人机

将无人机放在车头比较平整的位置

图 2-19　在车上起飞与降落无人机

2.1.5 使用一键返航降落

当无人机飞到比较远的地方，我们可以使用“自动返航”模式让无人机自动返航。这样操作的好处是比较方便，不用重复地拨动左右摇杆；而缺点是用户需要先更新返航地点，然后再使用“自动返航”功能，以免无人机飞到其他地方。同时，要保证返航高度设置得足够高，比附近的最高建筑还要高。

下面介绍使用“自动返航”的操作方法。

步骤 01 当无人机悬停在空中后，点击左侧的“自动返航”按钮，如图2-20所示。

图2-20 点击“自动返航”按钮

步骤 02 执行操作后，弹出提示信息框，提示用户是否确认返航操作，根据界面提示向右滑动返航，如图2-21所示。

图2-21 根据界面提示向右滑动返航

步骤 03 执行操作后，界面左上角显示相应的提示信息，提示用户无人机正在自动返航，如图2-22所示。稍候片刻，即可完成无人机的自动返航操作。

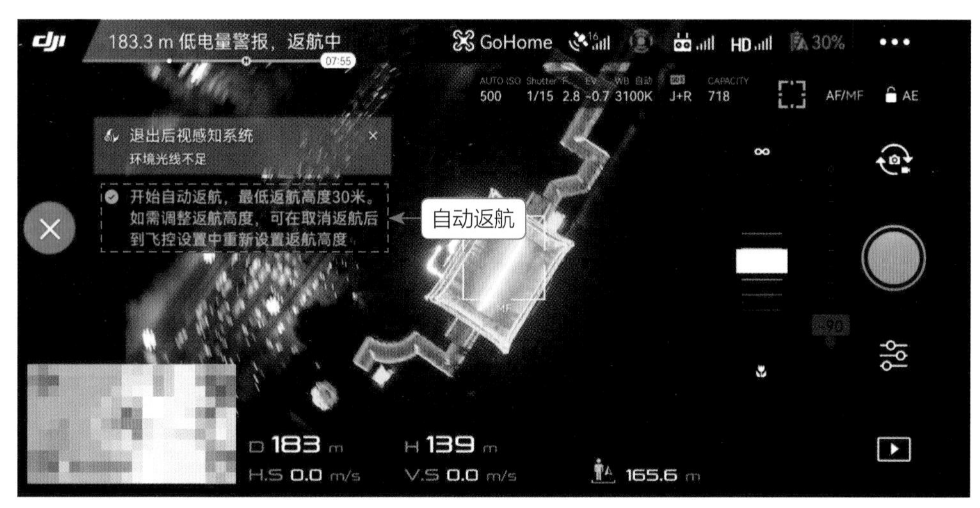

图 2-22　提示用户无人机正在自动返航

2.2 拉升镜头：全面展示周围的环境

无人机起飞后的第一件事就是拉升飞行，拉升镜头是无人机航拍中最为常规的操作，只要无人机起飞，即可开始拍摄。本节介绍几种常见的拉升镜头拍法。

2.2.1 航拍人物及环境

拉升镜头是视野从低空升至高空的一个过程，直接展示了航拍的高度魅力。当我们拍摄人物及环境的时候，可以从下往上拍摄，全面展示拍摄的主体对象及周围的环境，如图2-23所示，这样的拉升镜头极具魅力。

图 2-23　航拍人物及环境全貌

图 2-23 航拍人物及环境全貌(续)

我们在航拍这段拉升镜头的时候，只需要将左摇杆缓慢向上推动即可，无人机将慢慢上升，拍出整个人物及周围环境的全貌。详细的起飞操作，大家可以参考2.1节的知识点。在上升的过程中，飞手要注意无人机的上空是否有树叶遮挡，如果有障碍物的话，要及时规避，尽量找空旷的地方飞行。

2.2.2 航拍高的古建筑全貌

当我们需要拍摄古建筑主体的时候，也可以使用从下往上的航拍手法，展示建筑的全貌，这样的航拍镜头也很具有吸引力，如图2-24所示。在拍摄时，镜头平视，将左摇杆缓慢向上推动，无人机将慢慢上升。

图 2-24 航拍高塔建筑全貌

2.2.3 航拍广阔的古建筑全貌

拉升俯视会让镜头画面越来越广，展示出一个大环境。拉升时无人机垂直向上飞行，逐步扩大视野，然后慢慢俯视地面景色，画面中不断显示周围的环境，如图2-25所示。图中展示的曾国藩故居，从少部分建筑物开始，逐渐显现出建筑的全貌。

图 2-25 航拍曾国藩故居全貌

我们在航拍这段拉升俯拍镜头的时候，首先将左摇杆缓慢向上推动，无人机将慢慢上升，左手食指拨动遥控器背面的“云台俯仰”拨轮，实时调节云台的俯仰角度到垂直90°，即可完成拍摄。

2.3 下降镜头：从全景切换到局部细节

下降镜头适合从大景切换到小景，从全景切换到局部细节的展示。本节介绍几种常见的下降镜头拍法。

2.3.1 航拍城市建筑

如图2-26所示，为笔者使用下降镜头航拍的城市建筑，无人机下降过程中，焦点落在一栋建筑前面。这样一段城市建筑的视频，在电视剧中也经常会看到。拍摄时，我们只需要将左摇杆缓慢往下推动，无人机即可慢慢下降。

图 2-26 航拍城市建筑

2.3.2 航拍海景区

如图2-27所示，是一段下降抬头的航拍镜头，无人机一边下降，一边前进，一边调整云台的俯仰角度，使画面镜头最终落在蔡伦竹海景区大门口。

图 2-27 航拍蔡伦竹海景区

我们在航拍这段下降旋转镜头的时候，首先将左摇杆缓慢往下推动，无人机将慢慢下降；然后将右摇杆缓慢往上推动，无人机将向前飞行；在下降的同时，拨动“云台俯仰”拨轮，实时调节云台的俯仰角度，对准蔡伦竹海景区的大门口。

2.4 前进镜头：用来表现前景环境

前进镜头是指无人机一直向前飞行运动，这是航拍中最常用的镜头手法之一，主要用来表现前景。本节介绍几种常见的前进镜头拍法。

2.4.1 航拍古刹雪夜

有一种航拍手法是无目标地往前飞行，主要用来交代影片的环境。拍摄时，我们只需要将右侧的摇杆缓慢往上推，无人机即可一直向前飞行，展示航拍的大环境，如图2-28所示，展现了雪夜中的千年古刹朝天宫。

图 2-28 航拍朝天宫雪夜

2.4.2 航拍山顶的塔

对准目标向前飞行无人机的时候，拍摄对象就是目标本身，此时目标由小变大，由模糊变清晰，直至在观众面前展示所拍摄的目标对象，如图2-29所示。

图 2-29 航拍山顶的塔

具体拍法是将镜头对准塔，将右侧的摇杆缓慢往上推，无人机一直向前飞行，使拍摄目标越来越近。

2.4.3　航拍奔跑的少年

前进拍法不仅可以航拍建筑类的风光视频，还可以用来航拍人物。如图2-30所示，无人机在梧桐树下一直往前飞行，跟在红衣少年的后面，这样的镜头常用于故事的结尾。

图 2-30　航拍奔跑的少年

具体拍法为镜头平视，对准前面奔跑的少年，将右侧的摇杆缓慢往上推即可。当遇到左转或右转的时候，只需将左侧的摇杆缓慢往左或往右推即可。

2.5　俯视镜头：以居高临下的视角航拍

俯视是真正的航拍视角，因为它完全90° 朝下，在拍摄目标的正上方。俯视完全不同于其他镜头语言，因为它视角特殊，相信很多人第一次看到俯视镜头的画面都会惊叹，被空中俯视的特殊景致所吸引。

2.5.1　航拍桥上的车流

俯视航拍中最简单的一种手法就是俯视悬停镜头，俯视悬停是指将无人机停在固定的位置上，云台相机朝下90°，一般用来拍摄移动的目标，如马路上的车流、水中的游船，以及游泳的人等，让底下的拍摄目标从画面一处进去，然后从另一处出去，拍摄的效果如图2-31所示。

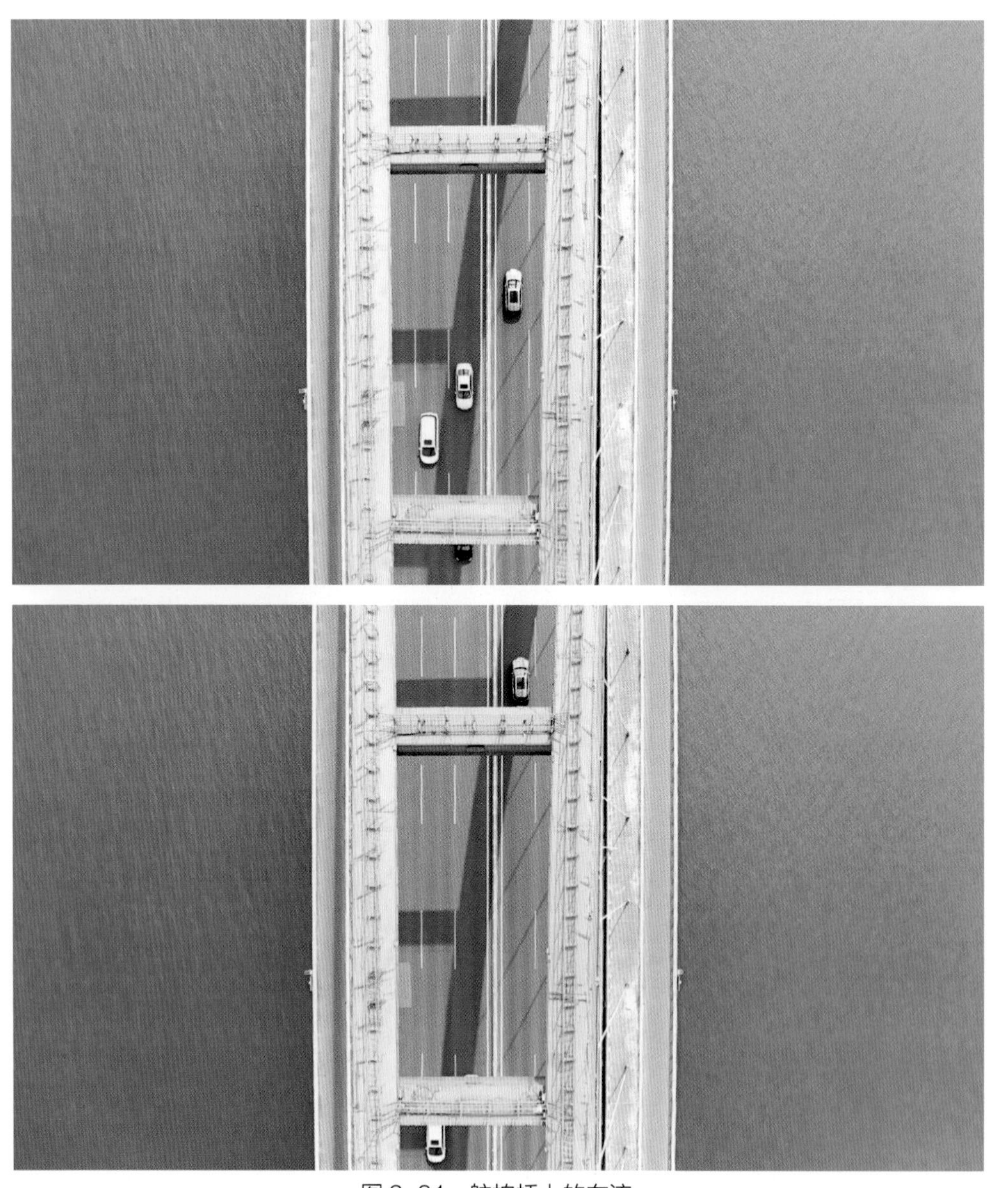

图 2-31　航拍桥上的车流

航拍这段俯视悬停镜头的时候，只需要将无人机上升到一定的高度，然后拨动“云台俯仰”拨轮，实时调节云台的俯仰角度到垂直90°，固定不动，然后开始拍摄即可。

2.5.2 航拍城市夜景车流

俯视下降镜头会让画面越来越近，从一个大环境缩小到局部的细节展示。下降时无人机垂直向下飞行，逐步缩小视野，画面中也不断显示周围的环境细节，如图2-32所示。

图 2-32　航拍城市夜景车流

我们在航拍这段俯视下降镜头的时候，首先拨动遥控器背面的“云台俯仰”拨轮，实时调节云台的俯仰角度到垂直90°，朝下俯拍城市马路夜景；然后将左摇杆缓慢往下推动，无人机

将慢慢下降，呈现出俯视下降的镜头。

2.6 后退镜头：展现目标所在的大环境

后退镜头俗称倒飞，是指无人机向后运动。后退镜头最大的优势，是在后退的过程中不断有新的前景出现，从无到有，所以它会给观众一个期待，增加了镜头的趣味性。

2.6.1 航拍特色城市

拍摄时，操控者只需要将右摇杆缓慢往下推，无人机即可向后倒退飞行，结合俯仰镜头可以拍出更美的画面效果，如图2-33所示，为俄罗斯伊尔库茨克的城市美景。

图 2-33 航拍伊尔库茨克

2.6.2 航拍名人故居

最常见的后退镜头就是在后退的时候拉高飞行，展现目标所在的一个大环境。如图2-34所示，就是以后退拉高的手法拍摄的曾国藩故居，展现了拍摄时的大场景。

图 2-34 航拍曾国藩故居

我们在航拍这段后退拉高镜头的时候，首先将右摇杆缓慢往下推动，无人机将慢慢后退，呈现出后退的镜头；然后将左摇杆缓慢往上推动，无人机将慢慢上升，呈现出后退拉高的镜头，航拍出当前所在的大环境背景。

后退镜头实际上是非常危险的一种运动镜头，因为有些无人机是没有后视避障功能的，或者在夜晚飞行时，后视避障功能是失效的，这个时候采用后退飞行的方式是十分危险的，因为我们看不到无人机身后是什么情况。所以在低空后退拍摄时，一定要时刻观察无人机在空中的位置，保持在可视范围内操作，否则炸机的风险很高。

我们在航拍照片或视频时，有以下几点需要注意。

①“照片格式”建议使用JPEG+RAW，JPEG方便即时分享，RAW则在后期调色处理中有更好的空间。

②“视频尺寸”一般选择4K Full FOV，25P或30P，H265。

关于色彩模式，包含如下3种。

① 普通：适合直出，可以不做后期调色。

② HLG：10bit的高动态范围成像，介于普通模式和LOG模式之间。

③ DLog-M：比普通模式保留更多高光信息和色彩信息，需要后期调色。

第3章

高级飞行：常用的航拍运镜技巧

当我们掌握了基本的飞行技巧后，接下来需要提升自己的航拍技术，学习一些更高级的航拍镜头语言，如侧飞镜头、环绕镜头、旋转镜头、追踪镜头，以及一镜到底等，以拍出更具吸引力的视频画面。

3.1 侧飞镜头：展现画面两侧的风景

侧飞是指无人机侧着往前飞行，通过侧飞的方式在观众面前展现侧向的风光，如同画卷一般把目标环境展现在观众眼前。本节介绍几种常见的侧飞镜头拍法。

3.1.1 航拍大桥日落风光

如图3-1所示，这是航拍的一段石臼湖上大桥日落风光，刚好有高铁从桥上开过，无人机采用侧飞的方式航拍高铁飞驰的情景，使侧面的风光不断出现在画面中，增加了画面的新鲜感。

图 3-1　航拍石臼湖大桥日落风光

具体拍摄方法，是在航拍这段侧飞镜头的时候，用右手向左拨动摇杆，使无人机向左侧直线飞行，即可拍摄出大桥的侧面风光。

3.1.2 航拍湖边奔跑的人

上一节侧飞的航拍手法采用的是平视角度，如果我们要拍摄的目标位置比较低，此时可以调整云台的俯仰角度，采用俯视的手法进行侧飞。如图3-2所示，是一段向左侧飞的镜头，拍摄了东台吉乃尔湖边一个奔跑的人。

图 3-2 航拍东台吉乃尔湖边奔跑的人

具体拍摄方法，首先将云台朝下对准人物目标，然后用右手向左拨动摇杆进行侧面飞行。

3.2 环绕镜头：围绕目标360° 旋转

环绕镜头是指绕着目标进行圆周运动，环绕镜头俗称“刷锅”，相对来说是一个高技术、高难度的飞行镜头。后来，大疆推出了智能飞行模式，环绕镜头的拍法就十分简单了，直接在智能模式下框选目标作为兴趣点，无人机在飞行的时候会始终对着目标进行环绕飞行。

本节讲解的是手动进行环绕飞行的方法，关于智能飞行的内容在后面的章节会有相关介绍。

3.2.1 航拍古塔烟雨

环绕镜头的第一种方式就是圆周运动，只需要设置好飞行距离和高度，绕着目标进行环绕运动即可，展现目标及目标背后环境时空的变化。如图3-3所示，为笔者拍摄的一段环绕镜头，无人机对准灵谷塔进行环绕飞行，烟雨中庄重典雅的灵谷塔被展示得淋漓尽致。

图 3-3 航拍灵谷塔烟雨

我们在航拍这段环绕镜头的时候，首先将无人机上升到一定高度，相机镜头朝前方，用左手食指拨动“云台俯仰”拨轮，调整俯视的角度，使镜头角度俯视灵谷塔。然后向右拨动右摇杆，无人机将向右侧飞行，推杆的幅度要小一点，舵量给小一点。同时，左手向左拨动左摇杆，使无人机向左进行旋转，也就是摇杆同时向外打杆。当侧飞的偏移和旋转的偏移达到平衡后，可以锁定目标一直在画面中间。

3.2.2 航拍山顶风光

在环绕飞行的同时，还可以结合向前飞行及后退飞行的手法，对准拍摄目标进行半环绕拍摄。如图3-4所示，是笔者航拍的梅花山风光，首先无人机向前飞行，当接近山顶的凉亭时，进行环绕飞行，当无人机环绕目标半圈之后，可以采用后退的手法，使凉亭在画面中越来越远，这样的画面极具动感，十分吸引观众的目光。

图 3-4 航拍梅花山风光

我们在航拍这段环绕镜头的时候，先将无人机上升到一定高度，相机镜头朝前方，将右摇杆缓慢往上推动，无人机将向前飞行。同时，将左摇杆缓慢往上推动，无人机将慢慢上升。当无人机快接近凉亭的时候，向右拨动右摇杆，无人机将向右侧飞行，同时左手向左拨动左摇杆，使无人机向左进行旋转，也就是摇杆同时向外打杆。当无人机环绕半圈之后，将右摇杆缓慢往下推动，无人机将后退倒飞。

专家提醒

那些比较复杂、需要双手协同操作的航拍方式，对于新手来说比较困难，但只要多加练习，一定能够很好地提升双手操控的熟练度。

3.3 旋转镜头：原地转圈增强趣味性

旋转镜头是笔者最喜欢的镜头表达方式之一，在实际拍摄过程中有一定的难度。旋转镜头不是指环绕镜头，环绕镜头始终有个明确的目标主体在画面中，操控也相对容易；而旋转镜头是要从无到有，航拍时需要精准掌控无人机飞行线路，才能获得吸引人的画面。

3.3.1 航拍车流不息的立交桥

旋转镜头充满了未知的力量，观众不知道后面会出现什么样的画面，原地旋转是旋转镜头中最简单的一种镜头语言。如图3-5所示，为笔者拍摄的一段原地旋转镜头的画面，笔者将云台的俯仰角度调到垂直90° 朝下，然后旋转90° 拍摄，航拍双桥门立交桥。

拍摄时只需将无人机悬停在空中，然后用左手向左或向右拨动摇杆，无人机即可向左或向右进行旋转，开始环顾四周。

图 3-5 航拍双桥门立交桥

图 3-5　航拍双桥门立交桥(续)

3.3.2 航拍喷涌的泉眼

如图3-6所示，为一段旋转下降的镜头，拍摄茫崖艾肯泉。无人机在旋转的同时进行了下降操作，让画面从全景展示到局部细节，具有惊人的视觉冲击力。

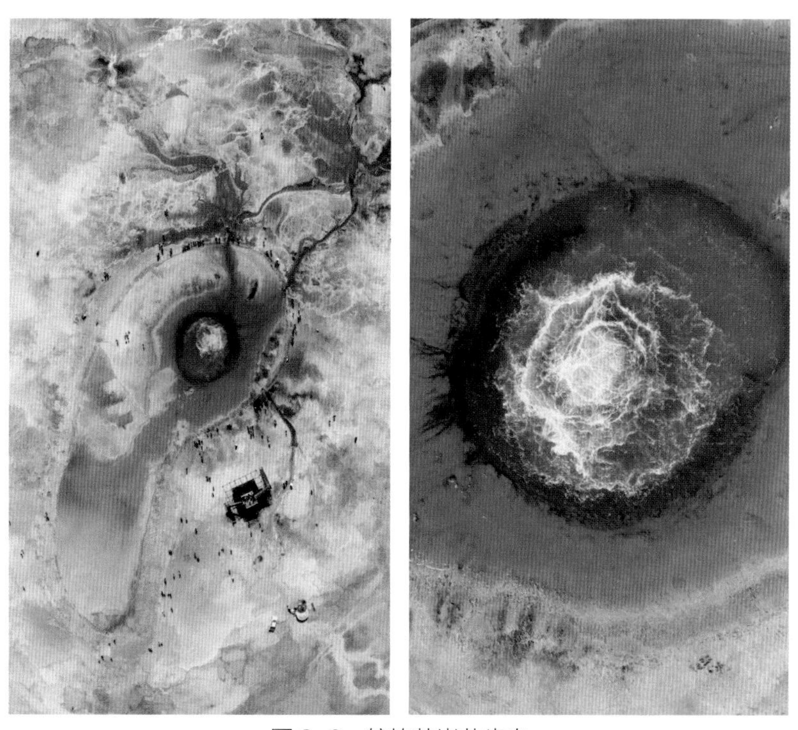

图 3-6　航拍茫崖艾肯泉

我们在航拍这段旋转下降镜头的时候，先将无人机飞至空中，将左摇杆缓慢往下推，无人机慢慢下降。左摇杆往下推的同时，将左摇杆再靠左推一点，此时无人机将向左旋转下降，慢慢呈现出茫崖艾肯泉的细节画面。

3.3.3 航拍夜色中的立交桥

如图3-7所示，为笔者在赛虹桥立交桥航拍的一段旋转上升镜头，旋转的同时带了一点上升的效果。随着无人机的上升旋转，赛虹桥立交桥的全景就逐渐露出来了，展现在观众眼前。

图 3-7 航拍赛虹桥立交桥

我们在航拍这段上升旋转镜头的时候，先将无人机飞至空中，将左摇杆缓慢往上推，无人机慢慢上升。左摇杆往上推的同时，将左摇杆再靠左推一点，此时无人机将向左旋转上升，慢慢呈现出赛虹桥立交桥的全景画面。

3.4 高级镜头：掌握其他运镜技巧

本节将介绍3种高级运镜方法，包括追踪拍摄、飞越拍摄，以及一镜到底等，这些拍摄手法可以使画面更加丰富多彩，使视频更具有吸引力。

3.4.1 追踪拍摄：航拍城市的电轨车

追踪镜头是指追踪目标进行拍摄，追踪低速运动的目标主体是一种比较简单的追踪镜头，例如追踪拍摄路上的行人、海上的船只，以及低速行驶的汽车等，在飞行中只要规划好路线，计算好时间和速度，在拍摄时还是比较简单的。如图3-8所示，为一段追踪电轨车的视频。

图 3-8 追踪电轨车的视频

笔者以前面介绍过的环绕镜头来进行对比说明，环绕镜头所瞄准的是固定目标，我们有充足的时间去调整镜头和拍摄角度，也可以多次重拍；但追踪镜头不一样，在同一个地点追踪同一个目标时，只有一次拍摄机会，如果拍摄时没有控制好飞行角度，使目标出画，就没有机会再重拍一次了。现在，大疆的无人机推出了“智能跟随”模式，使追踪拍摄低速移动的目标变得非常简单，甚至可以环绕追踪移动的目标。

3.4.2 飞越拍摄：航拍园林风光

飞越镜头是指从前景上方或侧上方飞越而过的镜头，如图3-9所示，为鼋头渚风景区的园林风光。因为是飞越镜头，所以无人机离目标主体会比较近，会给人一种飞越的感觉。

图 3-9　航拍鼋头渚风光

飞越的航拍手法特别考验飞手的操控能力，以这段飞越镜头为例，无人机从最开始斜角俯视鼋头渚的塔，一边往前飞行，一边慢慢控制摄像头朝下，到达塔的正上方之后，飞越而过，然后将无人机进行180° 转向，同时也要保持从前飞转至侧飞，然后再转至倒飞，最后再抬起摄像头，所有操控需要三轴联动，打杆全部要浅入浅出，速度一定要缓慢、均匀，这样画面才会更加流畅。

3.4.3 一镜到底：航拍音乐喷泉

“一镜到底”的拍摄方式是指一个连续的长镜头，中间没有任何断片的场景出现，拍摄难度较大，但在一些电视剧或者电影中，我们经常会看到这样的航拍场景。如图3-10所示，为采用“一镜到底”的方式拍摄的长沙梅溪湖音乐喷泉。

图 3-10 航拍梅溪湖音乐喷泉

图 3-10 航拍梅溪湖音乐喷泉(续)

拍摄上面这段视频时，首先将镜头对准喷泉的中心位置，然后将摇杆同时向内打杆，速度要缓慢、匀速，此时无人机将围绕音乐喷泉的中心进行环绕飞行。

要想拍出“一镜到底”的视频效果，飞手在飞行无人机的过程中，速度一定要缓慢、稳定，保持连贯的运动速度，飞行中还可以适当改变云台相机的朝向，让画面看上去形成自然的视线转移。如果使用Litchi App对飞行路线进行航点规划，那么实现“一镜到底”的效果就更加简单了。

第4章

构图取景：拍出大片感的取景技巧

摄影构图是拍出好照片的第一步，这一点在航拍摄影中同样重要。构图是突出画面主题最有效的方法，在对焦和曝光都正确的情况下，优质的画面构图往往会让一张照片脱颖而出。好的构图能让你的作品吸引观者的眼球，并产生思想上的共鸣。

本章主要介绍航拍摄影中取景构图的技巧，帮助大家拍出满意的作品。

4.1 构图取景：这两个角度很重要

在用无人机拍摄短视频时，选择不同的拍摄角度拍摄同一个物体，得到的画面效果是截然不同的。不同的拍摄高度将带来不同的感受，并且选择不同的视点可以将普通的被摄对象以更新鲜、更别致的方式展示出来。

4.1.1 平视：展现画面的真实细节

平视是指在用无人机拍摄时，平行取景，取景镜头与所拍摄物体的高度一致，这样可以展现画面的真实细节。如图4-1所示，是笔者在日本大阪天守阁航拍的建筑风光，平视拍摄的画面可以使古建筑的细节更加明显，也显得非常有质感。

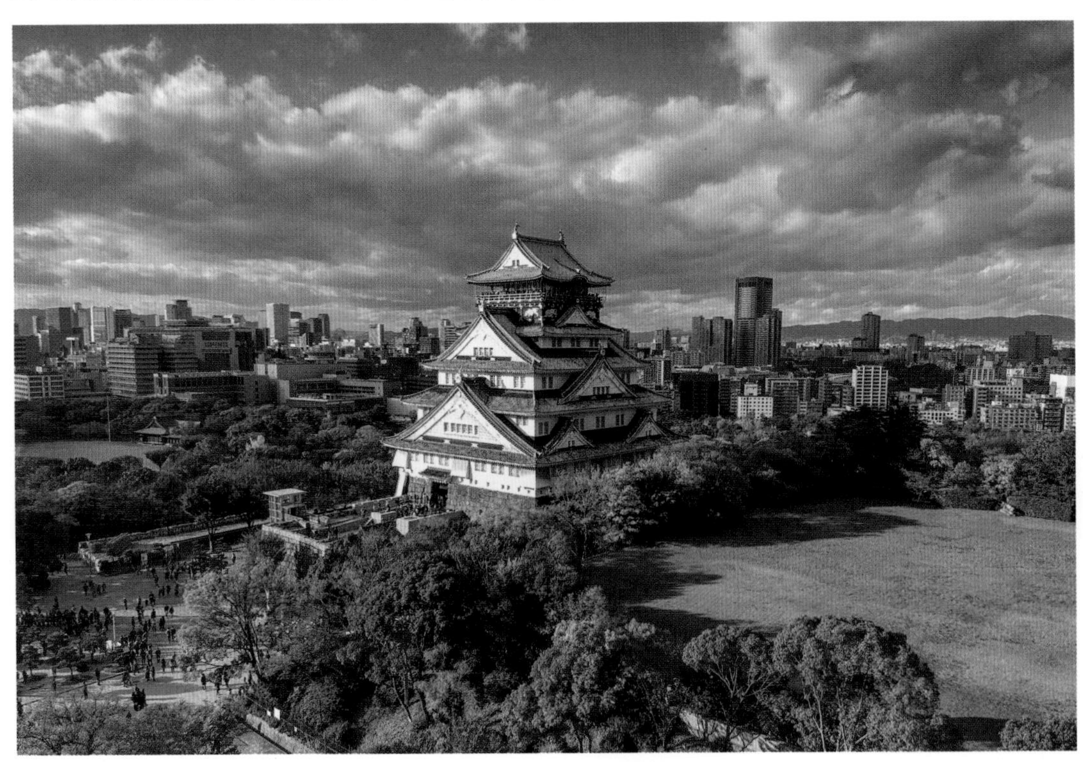

图 4-1 平视航拍的天守阁建筑风光

4.1.2 俯视：体现纵深感和层次感

俯视，简而言之就是要选择一个比主体更高的拍摄位置，主体所在平面与无人机所在平面形成一个相对大的夹角。俯视构图对拍摄地点的高度要求较高，拍摄出来的照片视角大，可以很好地体现画面的透视感、纵深感，以及层次感。

如图4-2所示，为笔者在灵谷寺俯拍的秋日风光，树林中的树叶非常茂盛，部分树叶开始变成了金黄色，这是一个丰收的季节。

图 4-2　俯视航拍的灵谷寺秋日风光

4.2 画面布局：这样的构图最出彩

无人机航拍构图和传统的摄影艺术是一样的，照片所需要素都是类似的，包括主体、陪体和环境等。本节介绍8种常见的构图取景方式，帮助大家拍出优美的风光大片。

4.2.1 主体构图

主体就是画面中的主题对象，是反映内容与主题的主要载体，也是画面构图的重心或中心。主体是主题的延伸，陪体是和主体相伴而行的，背景是位于主体之后交代环境的。三者是相互呼应和关联的，摄影中主体是和陪体有机联系在一起的，背景不是孤立的，而是和主体相得益彰的。

在航拍的时候，如果拍摄的主体面积较大，或者极具视觉冲击力，此时我们可以把拍摄主体放在画面最中心的位置，采用居中法进行拍摄。如图4-3所示，为笔者在南京拍摄的灵谷塔照片，画面中主体明确，主题突出，展现了灵谷塔的秋日景色。

图 4-3　以突出主体方式航拍的灵谷塔照片

专家提醒

航拍初学者很容易犯的一个毛病，就是希望镜头能拍下很多的内容。其实镜头拍摄的对象越少效果反而会越好，这样才会更突出主体。

4.2.2 多点构图

点，是所有画面的基础。在摄影中，它可以是画面中真实的一个点，也可以是一个面，只要是画面中很小的对象就可以称之为点。在照片中，点所在的位置直接影响到画面的视觉效果，并带来不同的心理感受。

如果我们的无人机飞得很高，俯拍地面景色时，就会出现很多重复的点对象，这些就可以称为多点构图。我们在拍摄多个主体时可以用到这种构图方式，这样航拍的照片往往都可以体现多个主体，用这种方法构图可以完整记录所有的主体。

如图4-4所示，就是以多点构图方式航拍的池杉湖照片，一棵棵小树在照片中变成了一个个的小点，以多点的方式呈现，欣赏者能很快找到主体。

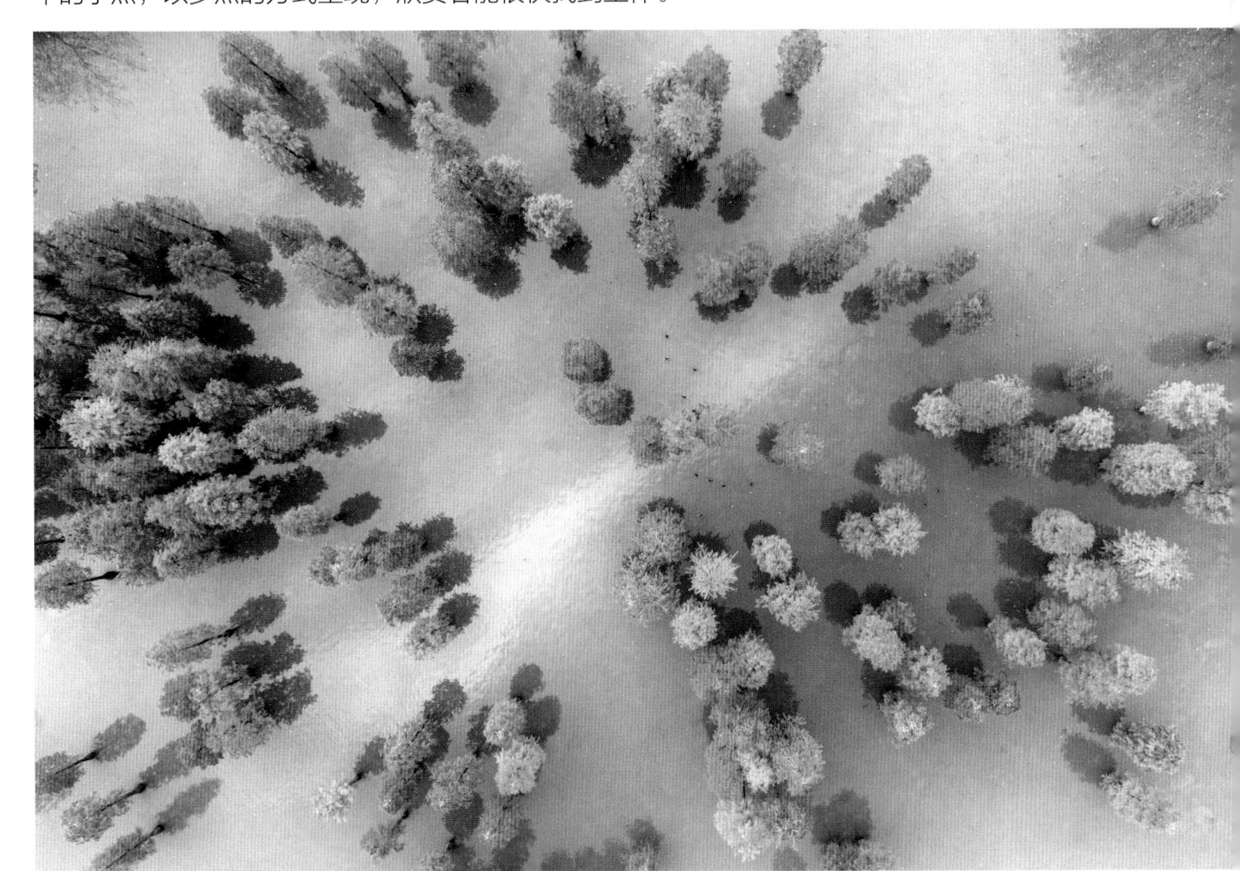

图 4-4　以多点构图方式航拍的池杉湖照片

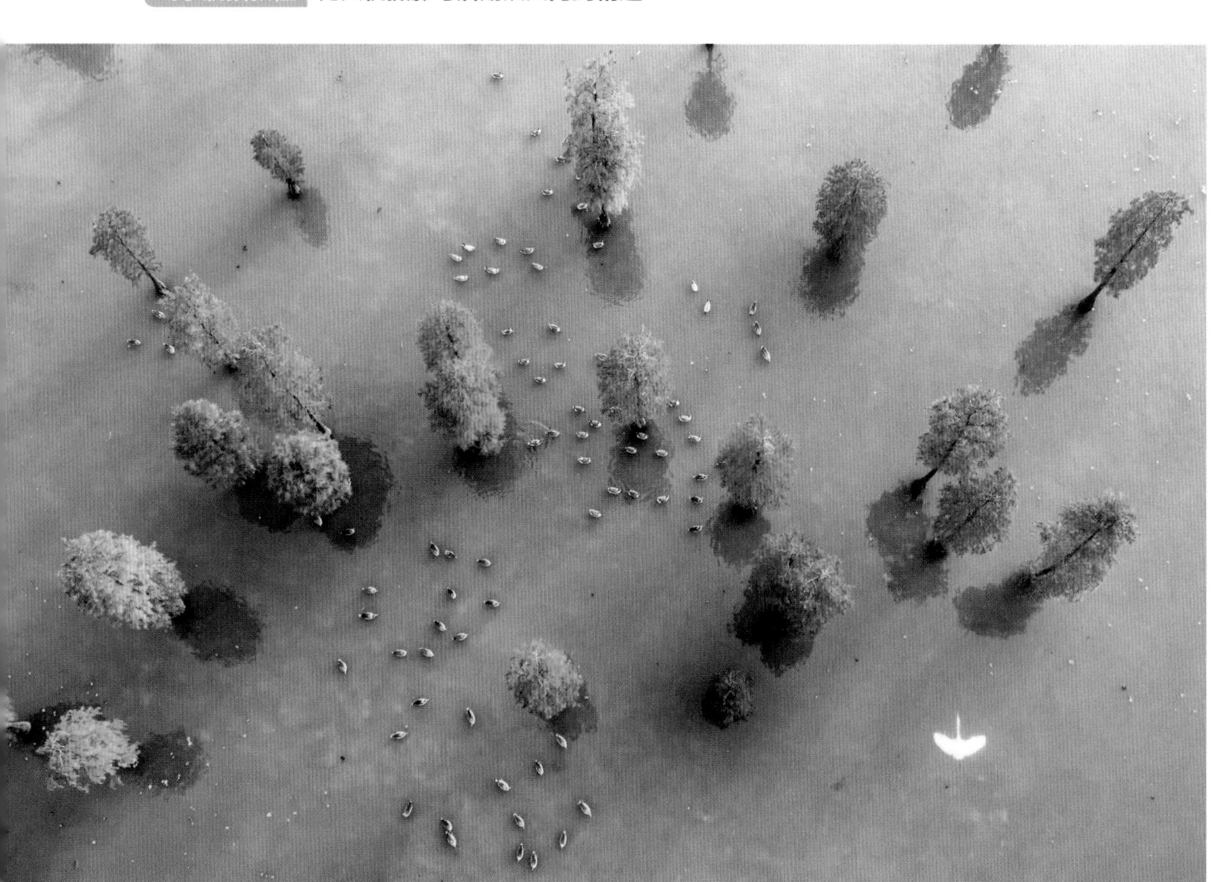

图 4-4 以多点构图方式航拍的池杉湖照片(续)

4.2.3 斜线构图

斜线构图是在静止的横线上出现的，给人一种静谧的感觉，同时斜线的纵向延伸可加强画面深远的透视效果，斜线构图的不稳定性使画面富有新意，给人以独特的视觉感受。

利用斜线构图可以产生三维的空间效果，增强立体感，使画面充满动感与活力，且富有韵律感和节奏感。斜线构图是非常基本的构图方式，在拍摄轨道、山脉、植物、沿海等风景时，就可以采用斜线构图的航拍手法。

如图4-5所示，是以斜线构图航拍的大桥夜景照片，采用斜线式的构图手法，可以体现大桥的方向感和延伸感，能吸引观赏者的目光，具有很强的视线导向性。在航拍摄影中，斜线构图是一种使用频率颇高，也颇为实用的构图方法，希望大家熟练掌握。

专家提醒

城市中的建筑灯光非常好看，有些立交桥的夜景车流也十分具有吸引力，以斜线构图呈现道路，双向车流使画面极具动感。

图 4-5　以斜线构图方式航拍的大桥夜景照片

4.2.4 曲线构图

曲线构图是指摄影师抓住拍摄对象的形态特点，在拍摄时采用特殊的拍摄角度和手法，将物体以类似曲线般的造型呈现在画面中。曲线构图的表现手法常用于拍摄风光、道路及江河湖泊的题材。在航拍构图手法中，S形曲线和C形曲线是运用得比较多的。

C形构图是一种曲线型构图手法，拍摄对象类似C形，体现一种女性的柔美感、流畅感、流动感，常用来航拍弯曲的建筑、马路、岛屿及沿海风光等大片。

如图4-6所示，是笔者在西江千户苗寨航拍的梯田晨雾风光，无人机飞行在梯田上空，下方是梯田、云雾与山脉，整个梯田的外形呈弯弯曲曲的曲线形，再加上周围云雾缭绕，整个画面给人一种人间仙境的感觉，拍出来的景色也非常吸引人。

图 4-6　以曲线构图方式航拍的西江千户苗寨梯田晨雾风光照片

如图4-7所示，是笔者在上海陆家嘴航拍的地标建筑照片，无人机飞行在陆家嘴的上空，下方是黄浦江，照片中整个黄浦江的外形呈上C形，以黄浦江与地面的边缘为分界线，加上日出在正前方，散发出光晕的特效，整个画面给人一种非常梦幻、柔美的感觉。

图 4-7 以曲线构图方式航拍的上海陆家嘴地标建筑照片

4.2.5 三分线构图

三分线构图，顾名思义就是将画面从横向或纵向分为三部分，这是一种非常经典的构图方法，画面会显得非常美。它将画面一分为三，非常符合人的审美。常用的三分线构图法有两种，一种是横向三分线构图，另一种是纵向三分线构图，下面进行简单介绍。

如图4-8所示，为笔者航拍的一张横向三分线构图的照片，天空占画面上三分之一，城市地景占画面下三分之二，这样可以很好地突出城市的绚丽夜景。

如图4-9所示，是在牛首山航拍的一张纵向三分线构图的照片，笔者将牛首山上的佛顶塔置于画面右侧三分线的位置，整个画面看起来重点突出，色感也舒服。

图 4-8　以横向三分线构图的城市夜景照片 ▲

图 4-9　以纵向三分线构图的牛首山景色照片 ▼

4.2.6 水平线构图

水平线构图法就是以一条水平线来进行构图，这种构图方式可以很好地表现出画面的对称性，具有稳定感、平衡感。一般情况下，摄影师在拍摄城市风光或者海景风光的时候，最常采用的构图手法就是水平线构图。

如图4-10所示，为笔者在大海道无人区航拍的一张日出风光照片，天空与地景各占画面二分之一左右，体现了大海道无人区的辽阔感，天空中日出的暖黄色也十分吸引人。

图 4-10　以水平线构图航拍的日出风光照片

4.2.7 横幅全景构图

全景构图是一种广角图片，这种构图的优点，一是画面内容丰富大而全，二是视觉冲击力很强，极具观赏性价值。

现在的全景照片，一是采用无人机本身自带的全景摄影功能直接拍成，二是运用无人机进行多张单拍，拍完后通过软件进行后期接片。在无人机的拍照模式中，有4种全景模式，分别为球形、180° 、广角、竖拍，在第7章中会向读者进行详细说明。如果要拍横幅全景照片的话，要选择180° 的全景模式。

如图4-11所示，一座三汉矶大桥，连接了长沙河西与河东两侧，这个画面是运用横幅全景构图拍摄的，天空中左侧的夕阳很好地装饰着画面，180° 的全景将画面一分为二，天空占一半，地景占一半，画面显得非常大气、漂亮，极具震撼力。

图 4-11　180° 的横幅全景风光照片

如图4-12所示，为笔者在塔拉纳基山航拍的全景风光照片，山在画面的正前方，运用180° 的全景可以很好地将塔拉纳基山拍摄完整，画面整体效果宏伟、大气。

图 4-12　航拍塔拉纳基山的横幅全景风光照片

如果用户使用无人机拍摄多张照片，然后进行后期合成的全景接片，那么在拍摄全景照片的时候，要快并且稳，整个画面尽量简洁而有序。每张照片最好不要超过一分钟，否则全景照片上的东西会有变化，如桥上的车、河中的船等。还有，取景时应保持照片之间30%左右的重叠，以确保照片合成的成功率。

4.2.8 竖幅全景构图

竖幅全景构图的特点是狭长，而且可以裁去横向画面中多余的元素，使画面更加简洁，主体突出。竖幅全景可以给欣赏者一种向上下延伸的感受，可以将画面的上下部分的各种元素紧密地联系在一起，从而更好地表达画面主题。

如图4-13所示，是两幅竖幅的全景照片，拍摄的是郴州高椅岭景区的风光。该地的地势以山林为主，风景怡人，是一块尚未开发的丹霞地貌，最大的特点是丹霞地貌周边有漂亮的水洼点缀，生态自然，风景美极了。

图 4-13　航拍郴州高椅岭的竖幅风光照片

【高级航拍】

第5章

智能飞行：一键拍出成品感视频

本章为读者介绍常用的智能飞行模式，包括一键短片、智能跟随、指点飞行，以及兴趣点环绕等，帮助初学者快速掌握无人机的飞行技巧，成为航拍高手。

5.1 一键短片：轻松拍出成品视频

“一键短片”模式包括多种不同的拍摄方式，依次为渐远、环绕、螺旋、冲天、彗星，以及小行星等，无人机将根据用户所选的方式持续拍摄特定时长的视频，然后自动生成一个10秒以内的短视频。下面介绍使用“ 键短片”模式的操作方法。

5.1.1 使用“渐远”模式：航拍金融中心

“一键短片”中的“渐远”模式是指无人机以目标为中心逐渐后退及上升飞行。下面介绍具体的航拍方法。

步骤 01 在DJI GO 4 App飞行界面中，点击左侧的“智能模式”按钮，如图5-1所示。

图 5-1 点击“智能模式”按钮

步骤 02 执行操作后，在弹出的界面中点击“一键短片”按钮，如图5-2所示。

图 5-2 点击“一键短片”按钮

步骤 03 进入“一键短片”飞行模式，点击“渐远”模式，如图5-3所示。

步骤 04 弹出“距离”选项，向右拖曳滑块，将“距离”参数设置为120m，如图5-4所示。

图 5-3 点击“渐远”模式

图 5-4 设置距离参数

步骤 05 在屏幕中用食指拖曳框选目标，被框选的区域显示为浅绿色，如图5-5所示。

图 5-5 在屏幕中拖曳框选目标

步骤 06 点击屏幕中的GO按钮，即可使用“渐远”模式进行拍摄，效果如图5-6所示。

图 5-6　使用“渐远”模式拍摄的视频效果

5.1.2　使用“环绕”模式：航拍江上小船

“一键短片”中的“环绕”模式是指无人机将围绕目标对象环绕飞行一圈。下面介绍“环绕”模式中顺时针环绕飞行的操作方法。

步骤 01 进入“一键短片”飞行模式，点击“环绕”模式，如图5-7所示。

步骤 02 弹出“方向”选项，设置方向为“逆时针”模式，如图5-8所示。

图 5-7　点击“环绕”模式

图 5-8　设置方向为“逆时针”模式

步骤 03 在屏幕中点击小船，即可开始进行环绕飞行，界面中提示“正执行一键短片拍摄”，如图5-9所示。

图 5-9　拍摄提示

步骤 04 拍摄完成后，预览“环绕”模式拍摄的视频效果，如图5-10所示。

图 5-10 预览“环绕”模式拍摄的视频效果

5.1.3 使用“螺旋”模式：航拍游泳的人

“一键短片”中的“螺旋”模式，是指无人机将围绕目标对象飞行一圈，并逐渐上升及后退。下面介绍设置“螺旋”飞行模式的操作方法。

步骤 01 进入“一键短片”飞行模式，选择“螺旋”模式。点击该模式，弹出“距离”选项，向右拖曳滑块，将“距离”参数设置为56m，如图5-11所示。

步骤 02 在屏幕中框选正在游泳的人物目标，如图5-12所示。

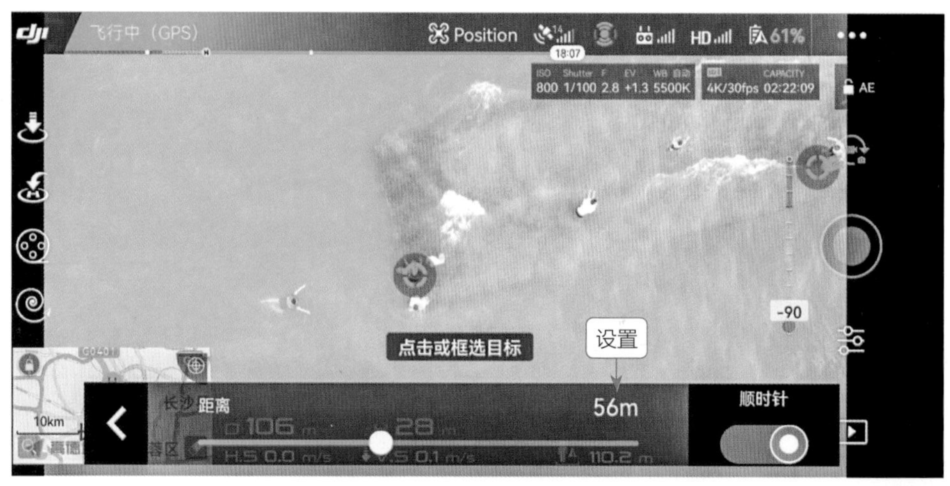

图 5-11　设置距离参数

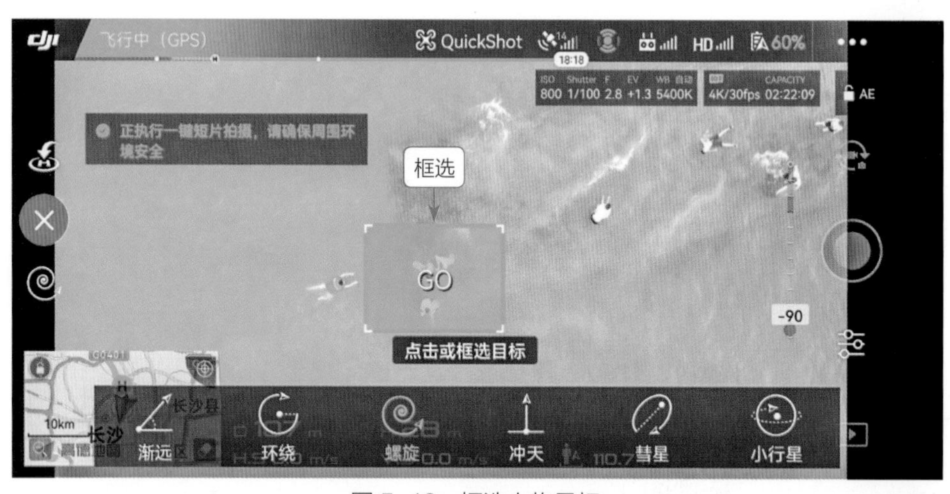

图 5-12　框选人物目标

步骤 03 点击GO按钮，即可开始进行螺旋飞行，在飞行的时候画面会有距离的变化，效果如图5-13所示。

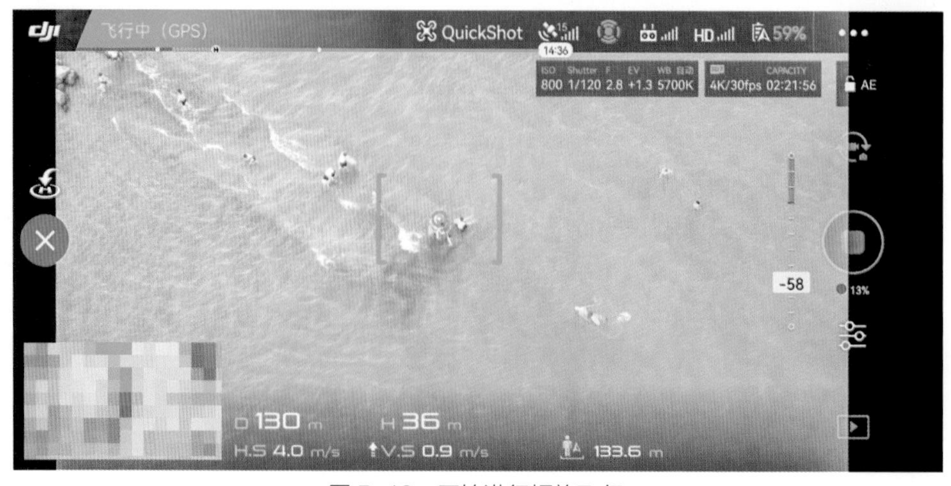

图 5-13　开始进行螺旋飞行

步骤 04 拍摄完成后，预览“螺旋”模式拍摄的视频效果，如图5-14所示。

图 5-14 预览“螺旋”模式拍摄的视频效果

5.1.4 使用“冲天”模式：航拍江面风景

使用“一键短片”中的“冲天”模式时，框选好目标对象后，无人机的云台相机将垂直90° 俯视目标对象，然后垂直上升，距目标对象越飞越高。下面向读者讲解“冲天”飞行模式的具体操作方法。

步骤 01 进入“一键短片”飞行模式，选择“冲天”模式。点击该模式，弹出“距离”选项，向右拖曳滑块，将“距离”参数设置为64m，如图5-15所示。

图 5-15　设置距离参数

步骤 02 在屏幕中框选目标，如图5-16所示。

图 5-16　框选目标

步骤 03 执行操作后，点击GO按钮，即可开始进行冲天飞行，如图5-17所示。

图 5-17　开始进行冲天飞行

步骤 04 拍摄完成后，预览“冲天”模式拍摄的视频效果，如图5-18所示。

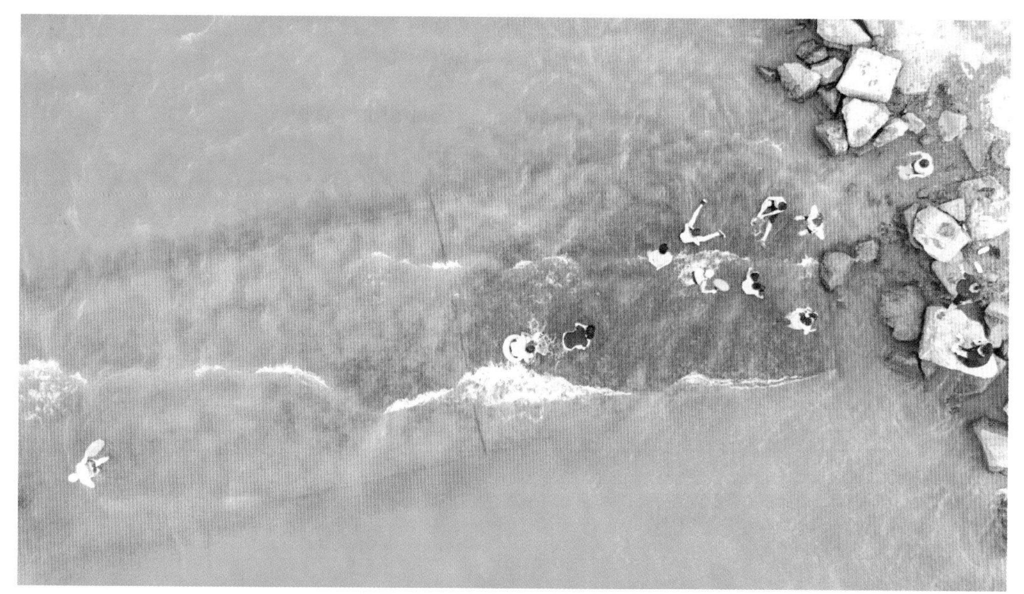

图 5-18 预览“冲天”模式拍摄的视频效果

5.1.5 使用“彗星”模式：航拍草地人物

使用“一键短片”中的“彗星”模式时，无人机将以椭圆的轨迹飞行，绕到目标后面并飞回起点拍摄。下面介绍“彗星”模式具体的操作方法。

步骤 01 进入“一键短片”飞行模式，选择“彗星”模式。点击该模式，弹出“方向”选项，点击右侧的按钮，即可切换至“逆时针”模式，如图5-19所示。

步骤 02 在屏幕中点击人物目标，即可开始进行逆时针飞行，如图5-20所示。

图 5-19　切换方向至“逆时针”模式

图 5-20　开始进行逆时针飞行

步骤 03 拍摄完成后，预览“彗星”模式拍摄的视频效果，如图5-21所示。

图 5-21　预览“彗星”模式拍摄的视频效果

图 5-21 预览“彗星”模式拍摄的视频效果(续)

5.1.6 使用“小行星”模式：航拍公园风光

使用“一键短片”中的“小行星”模式时，可以完成一个从局部到全景的漫游小视频，非常吸引观众的眼球。下面介绍具体的操作方法。

步骤 01 进入“一键短片”飞行模式，❶选择“小行星”模式；❷在屏幕中点击选中的目标，如图5-22所示。

图 5-22 选择“小行星”模式并选中目标

步骤 02 执行操作后，即可使用“小行星”模式拍摄一键短片，预览拍摄的视频效果，如图5-23所示。

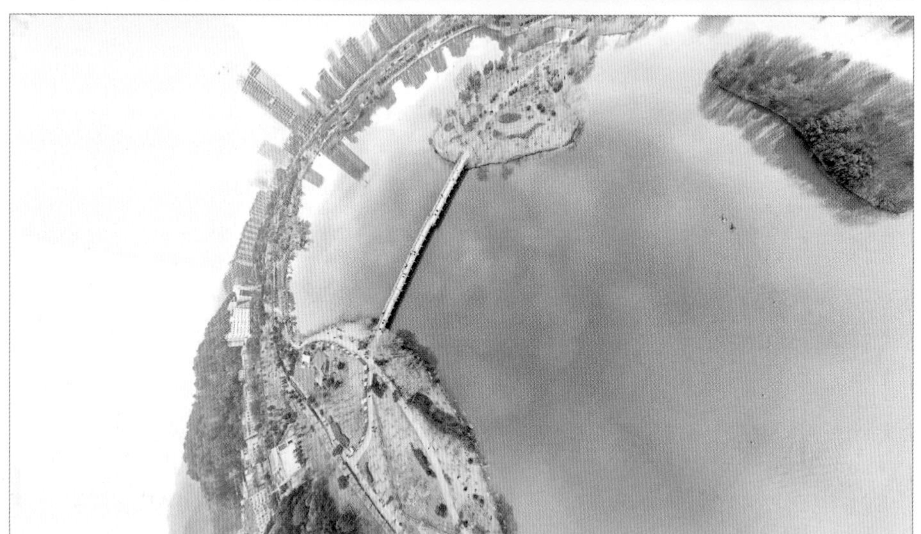

图 5-23 预览"小行星"模式拍摄的视频效果

5.2 智能跟随：紧跟目标进行航拍

“智能跟随”模式是基于图像的跟随，对人、车、船等移动对象具有识别的功能。需要用户注意的是，使用“智能跟随”模式时，要与跟随对象保持一定的安全距离，以免造成人身伤害。本节主要介绍使用“智能跟随”模式航拍人像视频的操作方法。

5.2.1 使用“普通”智能跟随模式航拍人物

在“普通”模式下，可以将无人机向左或向右旋转45°，跟随拍摄人物主体，从人物的后面飞到人物的正前方进行拍摄，具体操作步骤如下。

步骤 01 在DJI GO 4 App飞行界面中，点击左侧的“智能模式”按钮。在弹出的界面中点击“智能跟随”按钮，如图5-24所示。

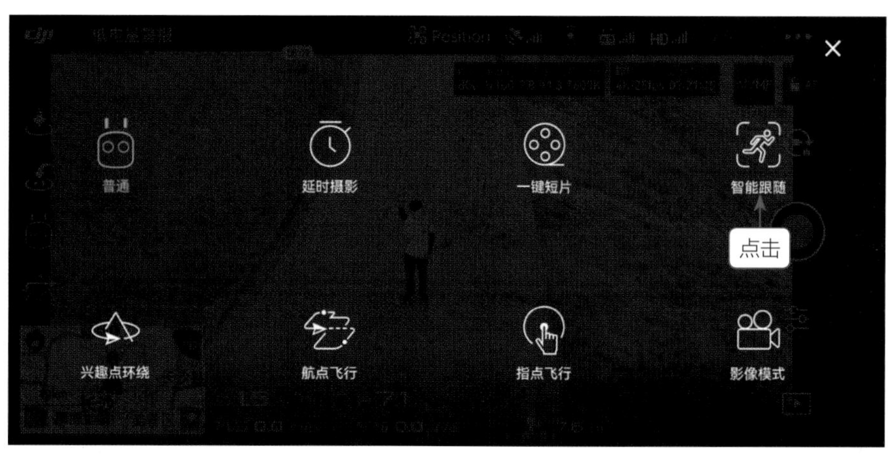

图 5-24　点击“智能跟随”按钮

步骤 02 进入“智能跟随”飞行模式，屏幕下方提供了“普通”“平行”“锁定”3个选项，选择“普通”模式，如图5-25所示。

图 5-25　选择“普通”模式

步骤 03 进入“普通”模式拍摄界面，点击画面中的人物，设定跟随目标。此时，屏幕中锁定了目标对象，并显示一个控制条，中间有一个圆形的控制按钮，可以向左或向右滑动，调整无人机的拍摄方向，如图5-26所示。

图 5-26 设定跟随目标

步骤 04 此时人物一直向前走，无人机将保持一定的飞行距离跟在人物后面进行拍摄。向右滑动控制按钮，此时无人机将从左至右以旋转的方式环绕人物飞行，如图5-27所示。

图 5-27 无人机以从左至右旋转的方式环绕人物飞行

5.2.2 使用“平行”智能跟随模式航拍人物

无人机可以跟在人物的两侧进行平行飞行，具体操作步骤如下。

步骤 01 ❶选择“平行”模式；❷在屏幕中点击人物目标，如图5-28所示。

图5-28 选择“平行”模式并点击人物目标

步骤 02 执行操作后，此时人物向左侧行走，无人机将平行跟随人物目标，如图5-29所示。

图5-29 无人机平行跟随人物目标

5.2.3 使用"锁定"智能跟随模式航拍人物

当我们使用"智能跟随"模式下的"锁定"模式后，无人机将锁定目标对象，在没有打杆的情况下，无人机将固定位置不动，但云台镜头会紧紧锁定、跟踪人物目标；用户也可以自主打杆控制无人机的飞行方向与角度。下面介绍锁定目标航拍的操作方法。

步骤 01 进入"智能跟随"飞行模式，❶选择"锁定"模式；❷在屏幕中点击并锁定人物目标，如图5-30所示。

图 5-30 选择"锁定"模式并锁定人物目标

步骤 02 此时，人物主体不管朝哪个方向行走，无人机的镜头将一直锁定人物目标，如图5-31所示。在不打杆的情况下，无人机将保持不动。

图 5-31 无人机的镜头一直锁定人物目标

步骤 03 接下来，使用左手向右拨动摇杆，而右手同时向左拨动摇杆，无人机将围绕目标对象飞行，如图5-32所示。

图 5-32　无人机围绕目标对象飞行

5.3 指点飞行：设定目标进行航拍

“指点飞行”是指指定无人机向所选目标区域飞行，主要包含3种飞行模式：一是正向指点，二是反向指点，三是自由朝向指点。用户可根据实际需要选择相应的飞行模式。本节主要介绍指点飞行的相关内容，帮助大家更好地掌握这种飞行模式。

5.3.1 使用“正向指点”模式航拍水上大桥

“指点飞行”模式下的“正向指点”模式是指无人机向所选目标方向前进飞行，离目标对象会越来越近，前视视觉系统正常工作。下面介绍“正向指点”模式的具体飞行方法。

步骤 01 在DJI GO 4 App飞行界面中，点击左侧的“智能模式”按钮。在弹出的界面中点击“指点飞行”按钮，如图5-33所示。

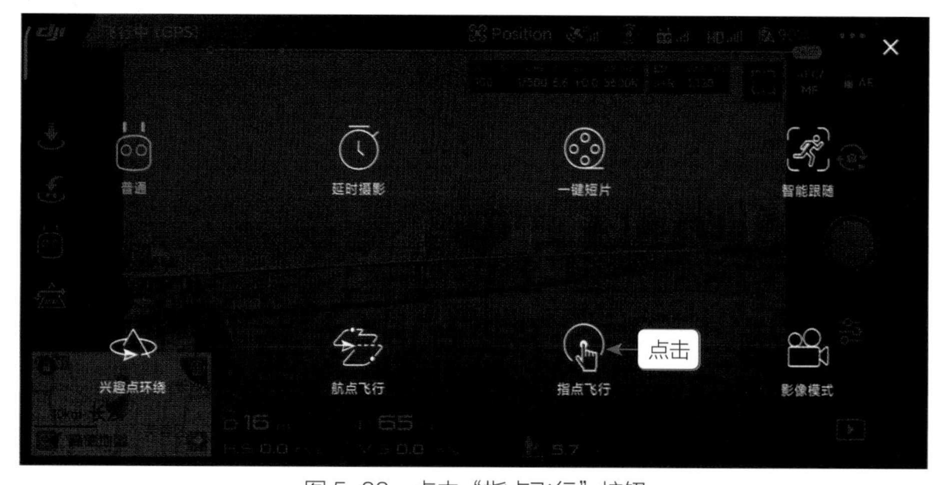

图 5-33　点击“指点飞行”按钮

步骤 02 进入“指点飞行”模式，下方提供了3种飞行模式，❶选择“正向指点”模式；❷在屏幕中点击前方目标，出现绿色的GO按钮，如图5-34所示。

图 5-34 选择“正向指点”模式并点击前方目标

步骤 03 点击GO按钮，无人机即可向指定的目标前进飞行，如图5-35所示。

图 5-35 向指定的目标前进飞行

5.3.2 使用“反向指点”模式航拍水上大桥

“指点飞行”模式下的“反向指点”模式是指无人机向所选目标方向倒退飞行，后视视觉系统正常工作。下面介绍“反向指点”模式的具体飞行方法。

步骤 01 进入“指点飞行”模式，❶选择“反向指点”模式；❷在屏幕中点击前方目标，出现绿色的GO按钮，如图5-36所示。

步骤 02 点击屏幕上的GO按钮，此时无人机自动调整拍摄位置和角度，进行平行后退飞行，离目标对象会越来越远，最终显示一个大场景，如图5-37所示。

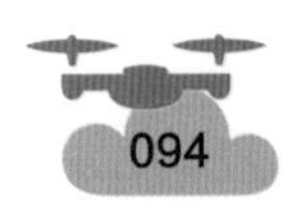

图 5-36　选择“反向指点”模式并点击前方目标

图 5-37　平行后退飞行

5.4 兴趣点环绕：进行360° 全景拍摄

“兴趣点环绕”模式，是指无人机围绕用户设定的兴趣点进行360° 旋转拍摄，这样可以全方位展示目标对象，从各个不同的角度去欣赏美景。本节主要介绍环绕飞行航拍的相关技巧，希望大家熟练掌握。

5.4.1 使用“逆时针”环绕航拍城市建筑

使用“兴趣点环绕”智能飞行模式时，需要先在画面中框选兴趣点，即目标对象。下面介绍逆时针环绕航拍城市建筑的操作方法。

步骤 01 在DJI GO 4 App飞行界面中，点击左侧的“智能模式”按钮。在弹出的界面中点击“兴趣点环绕”按钮，如图5-38所示。

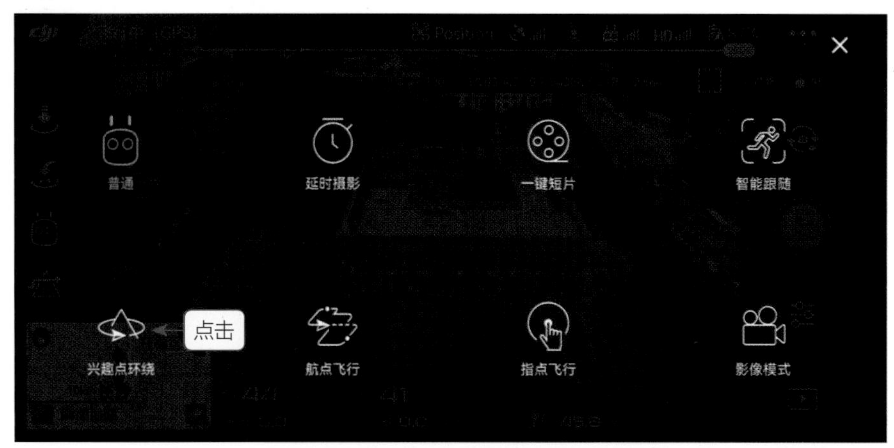

图 5-38 点击“兴趣点环绕”按钮

步骤 02 进入“兴趣点环绕”拍摄模式，在屏幕中用食指拖曳框选目标，如图5-39所示。

图 5-39 在屏幕中拖曳框选目标

步骤 03 此时，浅绿色的方框中显示GO按钮，点击该按钮，如图5-40所示。

图 5-40 点击 GO 按钮

步骤 04 界面中提示“目标位置测算中，请勿操作飞行器”，如图5-41所示。

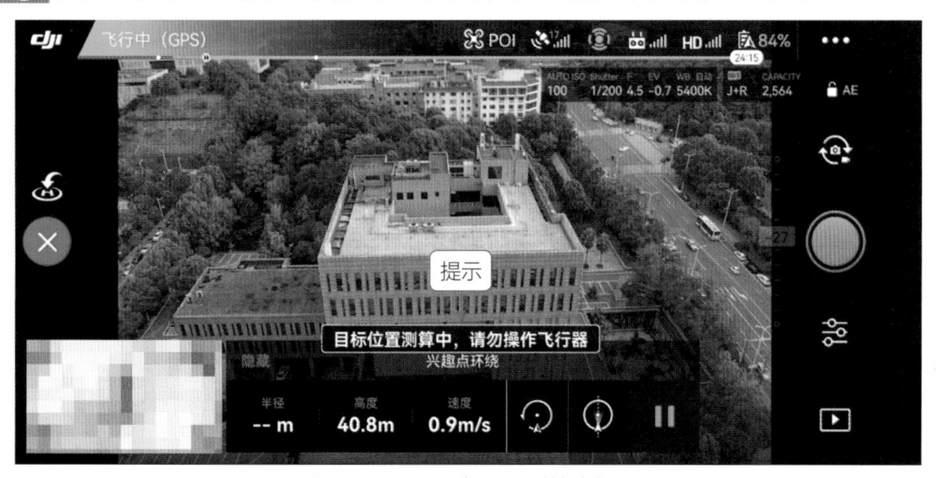

图 5-41　界面中显示测算中提示

步骤 05 待目标位置测算完成后，界面中提示“测算完成，开始任务”，如图5-42所示。

图 5-42　界面中提示测算完成

步骤 06 下方的按钮表示逆时针环绕，点击它即可沿逆时针的方向飞行，如图5-43所示。

图 5-43　沿逆时针方向飞行

5.4.2 使用“顺时针”环绕航拍人物对象

上一节讲解的是逆时针环绕航拍城市建筑的方法，下面主要介绍顺时针航拍人物对象的方法，具体操作步骤如下。

步骤 01 在DJI GO 4 App飞行界面中，点击左侧的“智能模式”按钮。在弹出的界面中点击“兴趣点环绕”按钮，进入“兴趣点环绕”拍摄模式，在屏幕中用食指拖曳框选目标，如图5-44所示。

图 5-44 在屏幕中拖曳框选目标

步骤 02 点击“逆时针”按钮，将其更改为“顺时针”按钮，表示以顺时针方向环绕，如图5-45所示。

图 5-45 以顺时针方向环绕

步骤 03 点击画面中的GO按钮，此时界面中提示“目标位置测算中，请勿操作飞行器”，如图5-46所示。

步骤 04 待目标位置测算完成后，即可开始进行顺时针环绕飞行，如图5-47所示。

图 5-46 界面中提示测算中信息

图 5-47 开始进行顺时针环绕飞行

步骤 05 在顺时针环绕飞行的过程中，用户还可以设置环绕的半径、高度及速度等参数，如图5-48所示。

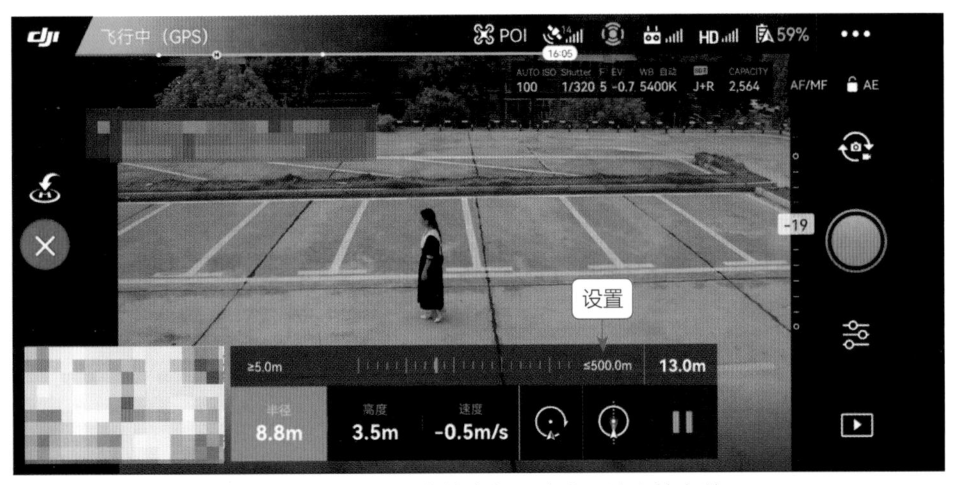

图 5-48 设置环绕的半径、高度及速度等参数

第6章

航点飞行：规划路线航拍地标建筑

对于新手来说，用无人机拍摄视频最大的困难是控制稳定性，毕竟没有一年以上的练习，很难做到一段航拍视频的稳定、顺滑、不抖动。

本章重点介绍无人机的航点飞行功能，使新手也能轻松地拍摄出流畅、稳定的视频效果。

6.1 首要设置：制定航点和飞行路线

使用航点飞行功能时，首先需要添加航点和路线、设置航点参数，以及设置航点类型，使添加的航点和航线符合我们的飞行需要。本节主要介绍设置航点和飞行路线的操作方法。

6.1.1 添加航点和路线

使用无人机进行航点飞行之前，首先需要学会如何添加航点，设计飞行路线，下面介绍具体操作方法。

步骤 01 起飞无人机后，在飞行界面中点击左侧的“智能模式”按钮，如图6-1所示。

图 6-1　点击“智能模式”按钮

步骤 02 执行操作后，在弹出的界面中点击“航点飞行”按钮，如图6-2所示。

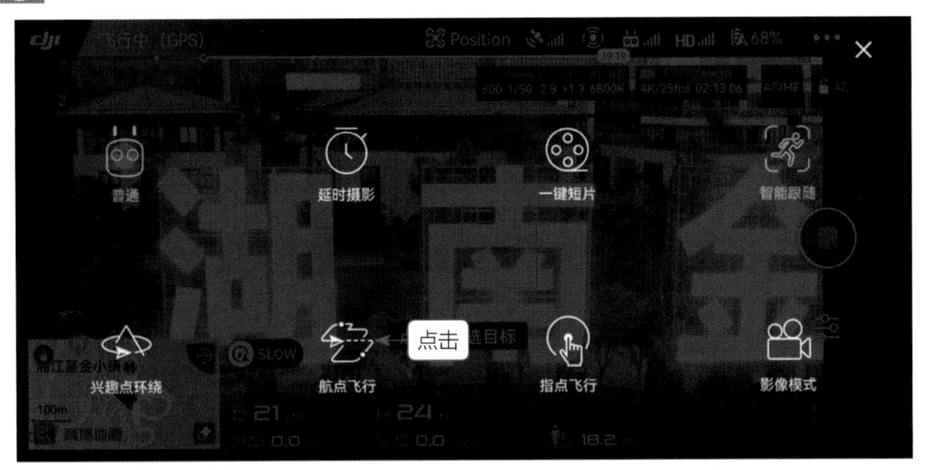

图 6-2　点击“航点飞行”按钮

步骤 03 进入航点规划界面，开始规划和设计航点，❶在界面上点击航点按钮，使其高亮显示；❷在地图上的相应位置直接点击，就可以添加航点，如图6-3所示。

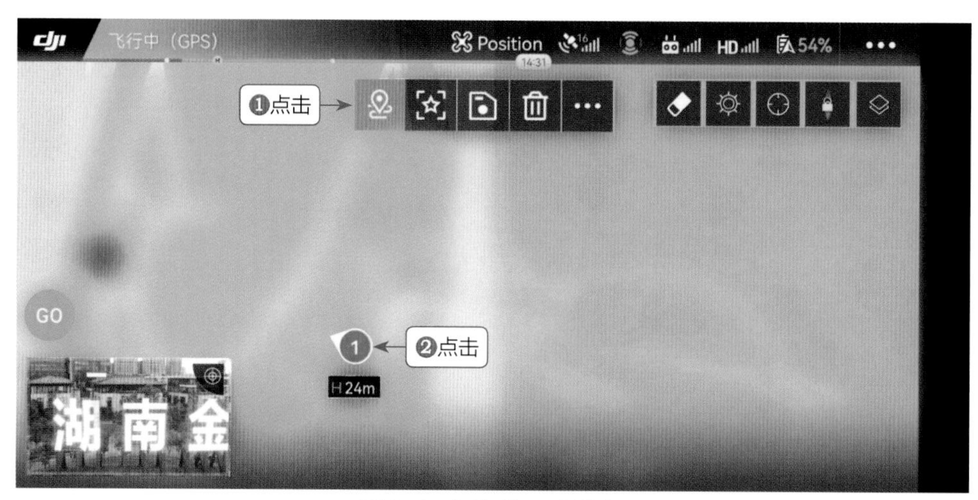

图 6-3　添加第 1 个航点

步骤 04 继续飞行无人机，将无人机飞到第2个航点的位置后，按下遥控器上的C1键，即可添加第2个航点，如图6-4所示。这是直接利用当前无人机的画面获得准确构图的快捷操作方法。

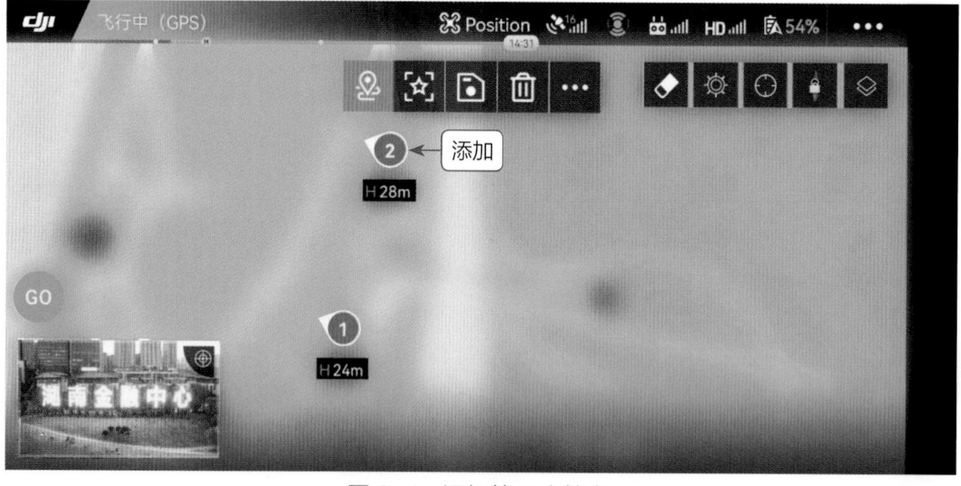

图 6-4　添加第 2 个航点

专家提醒

简单说来，航点规划就是在地图上预先设定无人机要飞行经过的航点，航点包含了无人机的高度、朝向和云台俯仰角。当无人机执行航点飞行后，在经过航点时会自动调整至预先设定的高度、朝向和云台俯仰角，而且一定是以顺滑的方式在两个航点之间切换参数，这也就是航点飞行拍摄出来的视频效果如此顺滑的主要原因。

步骤 05 继续使用上述相同的方法进行飞行、操控并添加航点信息，笔者在地图上一共添加了4个航点，如图6-5所示。

图 6-5　添加的 4 个航点位置

6.1.2　设置航点的参数

当我们在相关位置添加航点后，接下来可以修改航点的参数，只需要在地图上点击相应的航点数字，即可弹出设置面板，❶点击航点1，如图6-6所示；❷在弹出的面板中可以设置飞行的高度、速度、飞行朝向、云台俯仰角、相机行为及关联兴趣点等属性，使无人机按照我们设定的参数飞行。大家可以使用相同的操作方法，设置其他的航点参数。

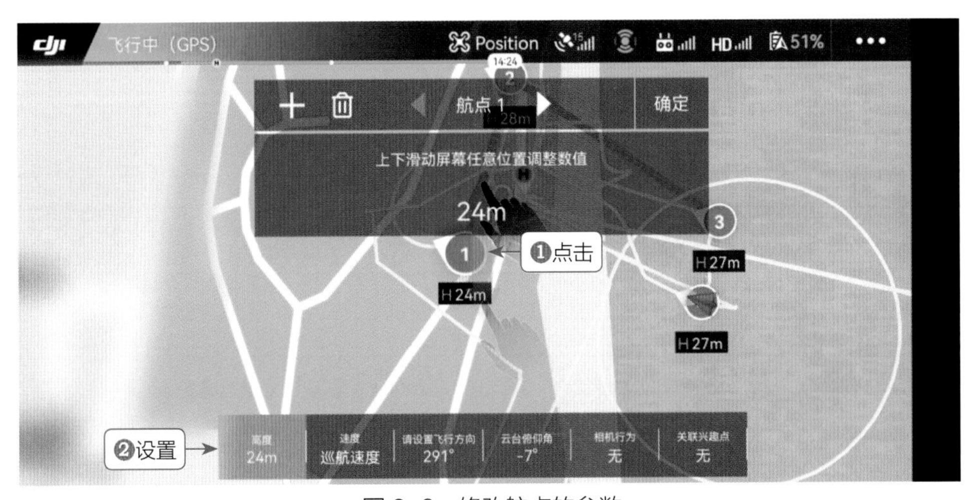

图 6-6　修改航点的参数

6.1.3　设置航线的类型

在“航点飞行”模式中包括两种航线类型，一种是折线型，另一种是曲线型。折线型是指无人机按照直线路径飞行；曲线型是指无人机的飞行航线呈曲线状。下面介绍设置航线类型的操作方法。

步骤 01 进入航点规划界面，点击上方的设置按钮，弹出浮动面板，点击“航线设置”按钮，如图6-7所示。

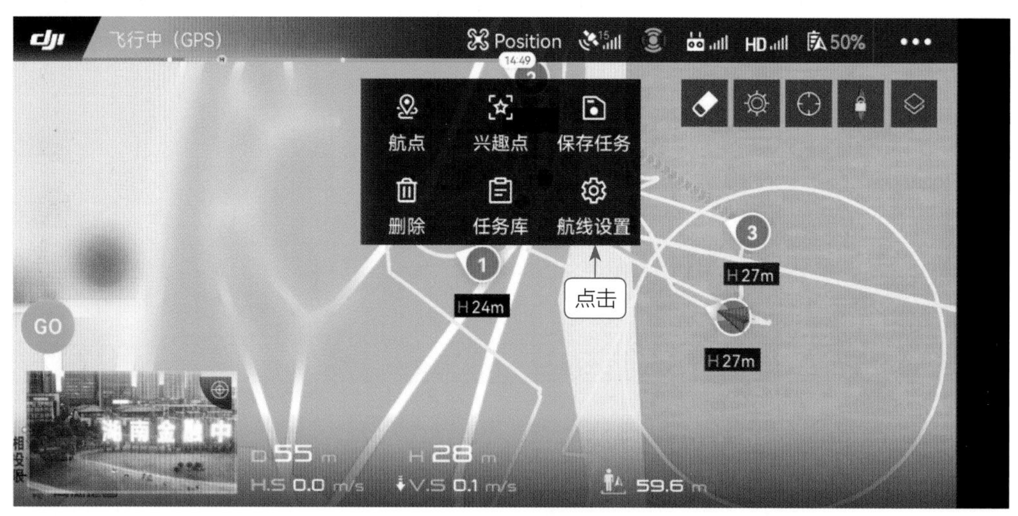

图6-7 点击“航线设置”按钮

步骤 02 进入“航线设置”界面，在“航线类型”右侧点击“折线”按钮，即可将“航线类型”设置为“折线”，如图6-8所示。

图6-8 设置航线类型

专家提醒

系统默认情况下，航线类型都为折线型，无人机可以精准抵达相应位置，并设定每一个航点，这也是用户使用得最多的一种航线类型。

步骤 03 点击“曲线”按钮，将弹出提示信息框，提示用户在该类型下无法自动执行航点设置中的“相机动作”，点击“确定”按钮，如图6-9所示，即可更改航线类型。

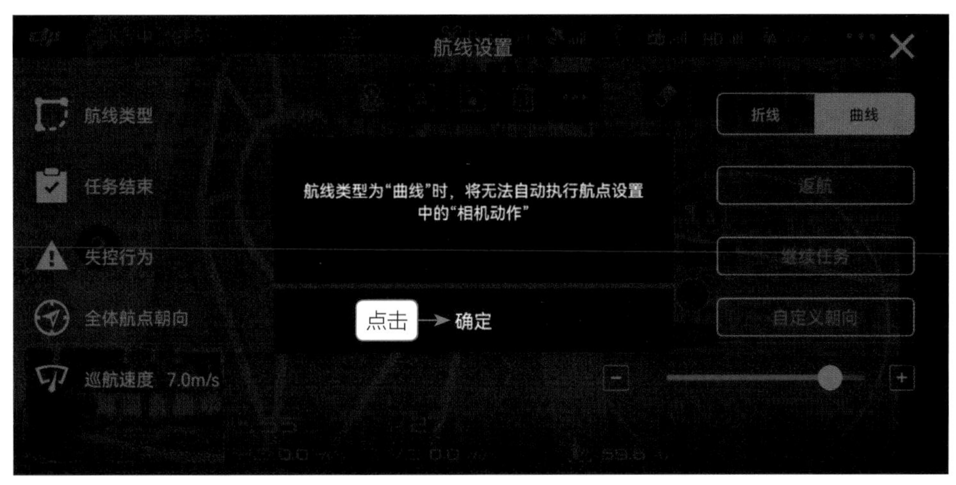

图 6-9 更改航线类型

6.2 航线飞行：设置朝向和巡航速度

当我们在地图上添加好航点和路线之后，接下来需要设置无人机飞行时的朝向和速度，并添加相应的兴趣点。本节将教大家如何按照设定的航点飞行无人机。

6.2.1 自定义无人机的朝向

飞行朝向默认为自定义朝向，也就是航点设置的无人机朝向，它可使画面构图更加精准。

在“航线设置”界面中，点击“全体航点朝向”右侧的“自定义朝向”按钮，弹出列表框，其中包括“自由”“自定义朝向”和“跟随航线”3种类型。“自由”是指用户可以一边飞行一边控制朝向，“跟随航线”是指无人机对准航线向前的方向飞行。如图6-10所示，选择“自定义朝向”选项，即可在航点飞行中自定义无人机的朝向。

图 6-10 选择“自定义朝向”选项

6.2.2 设置巡航速度

在“航线设置”界面中，拖曳“巡航速度”右侧的滑块，可以设置无人机的巡航速度，如图6-11所示。

图 6-11 设置无人机的巡航速度

6.2.3 添加兴趣点

兴趣点是指拍摄的目标点，无人机在飞行的过程中，镜头自动对准兴趣点。设置兴趣点的方法很简单，下面进行简单介绍。

步骤 01 点击上方的“兴趣点”按钮，此时该按钮呈高亮显示，如图6-12所示。

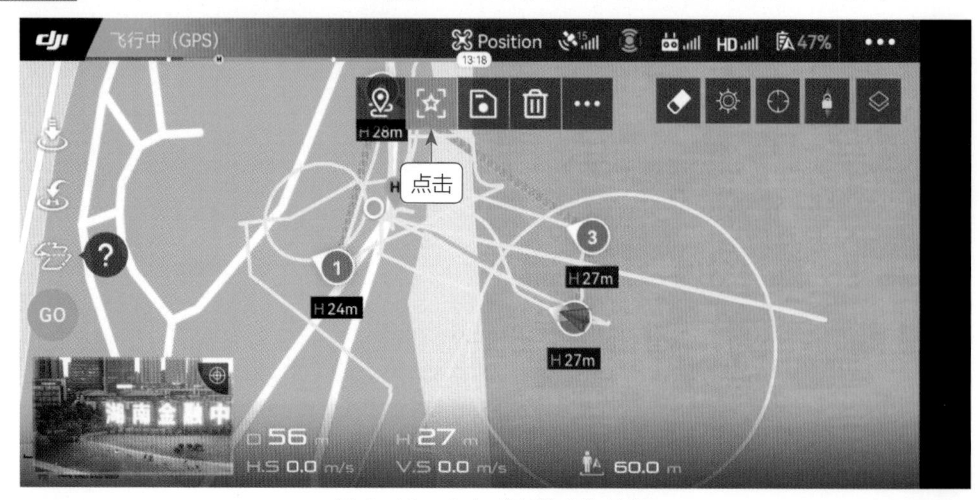

图 6-12 点击“兴趣点”按钮

步骤 02 用手指在屏幕上的相应位置点击，即可添加兴趣点，兴趣点可以添加多个，以紫色的数字图标显示在地图上，如图6-13所示。

图 6-13 添加兴趣点

当兴趣点设置完成后，用户需要在航点设置中“关联兴趣点”，在执行航线飞行的过程中，无人机的镜头朝向会按航点设置的关联兴趣点一直对着兴趣点的方向。添加兴趣点之后，点击兴趣点的数字，在弹出的面板中可以设置兴趣点的属性和参数。

6.2.4 按照航点飞行无人机

当我们规划好一系列的航点路线后，接下来即可按照航点飞行无人机，具体步骤如下。

步骤 01 在规划界面中，点击左侧的GO按钮，如图6-14所示。

图 6-14 点击左侧的 GO 按钮

步骤 02 进入“任务检查”界面，在其中可以设置全体航点朝向、返航高度、航线类型，以及巡航速度等属性，确认无误后，点击下方的“开始飞行”按钮，如图6-15所示。

步骤 03 执行操作后，无人机将飞往第一个航点的位置，如图6-16所示。当无人机到达第一个航点位置后，接下来将根据航线路径自动飞行，完成新一轮的拍摄。

图6-15 设置属性并开始飞行

图6-16 无人机将飞往第一个航点的位置

步骤 04 拍摄完成后，进入SD卡文件夹，预览航点飞行拍摄的视频效果，如图6-17所示。

图6-17 预览航点飞行拍摄的视频效果

图 6-17 预览航点飞行拍摄的视频效果(续)

6.3 航点管理：保存、载入与删除航点

对于航点飞行路线，我们可以进行保存、载入与删除等操作。本节主要介绍管理航点飞行路线的操作方法。

6.3.1 保存航点飞行路线

当我们规划好航点飞行路线之后，可以将该路线进行保存，方便以后载入相同的飞行路线进行航拍。下面介绍保存航点飞行路线的操作方法。

步骤 01 在规划界面中设计好航点飞行路线，点击上方的设置按钮(也可以直接点击上方的“保存”按钮)，如图6-18所示。

图6-18　点击上方的设置按钮

步骤 02 弹出浮动面板，点击“保存任务”按钮，如图6-19所示。

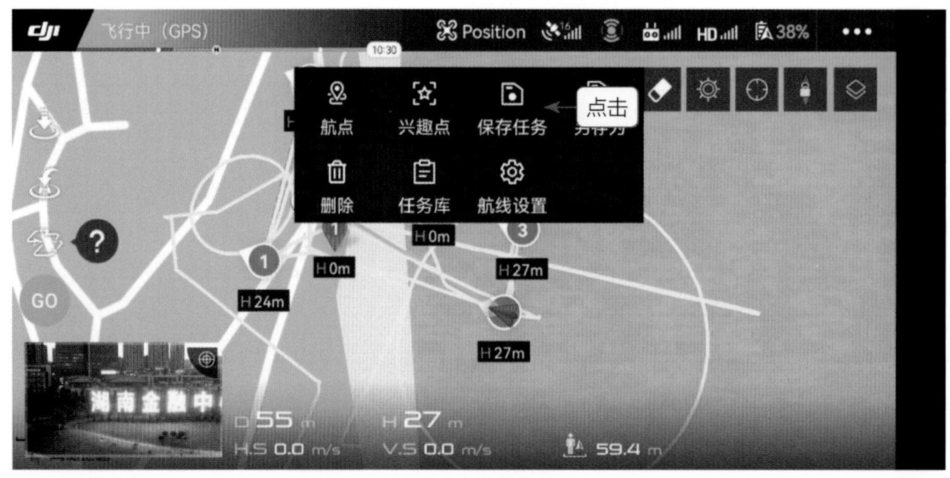

图6-19　点击“保存任务”按钮

步骤 03 点击后即可保存航点飞行路线，界面中提示“任务保存成功”的信息，如图6-20所示。

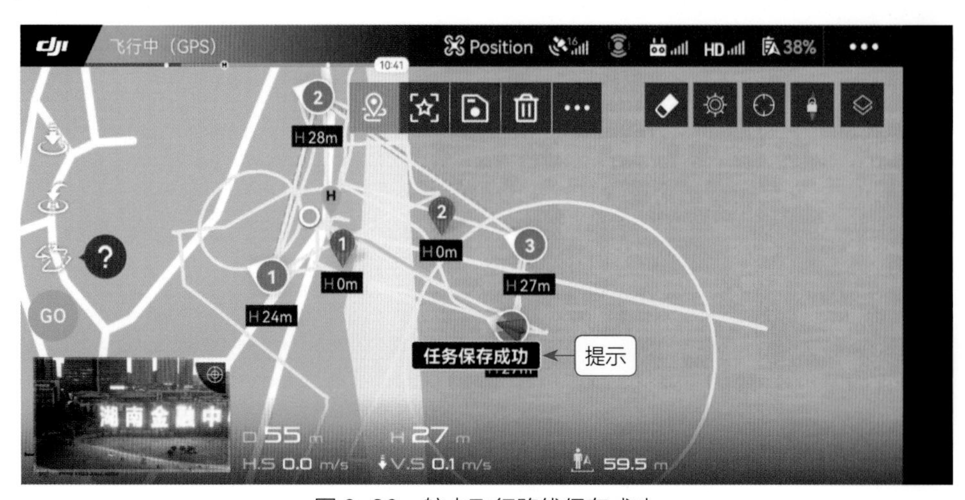

图6-20　航点飞行路线保存成功

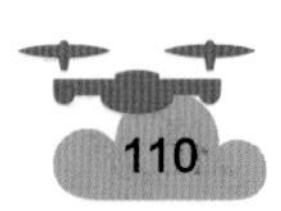

6.3.2 载入航点飞行路线

一块电池只能飞行20分钟左右，当无人机的第一块电池用完后，换第二块电池重新起飞时，如果我们需要拍摄相同画面的视频，就可以载入保存的路线，再次飞行一遍原先的航线。下面介绍具体操作方法。

步骤 01 在规划界面中设计好航点飞行路线，点击上方的设置按钮 ，弹出浮动面板，点击“任务库”按钮，如图6-21所示。

图 6-21 点击“任务库”按钮

步骤 02 进入“任务库”界面，其中显示了之前保存的飞行路线，点击右侧的“载入”按钮，如图6-22所示。执行操作后，即可载入航点飞行路线。

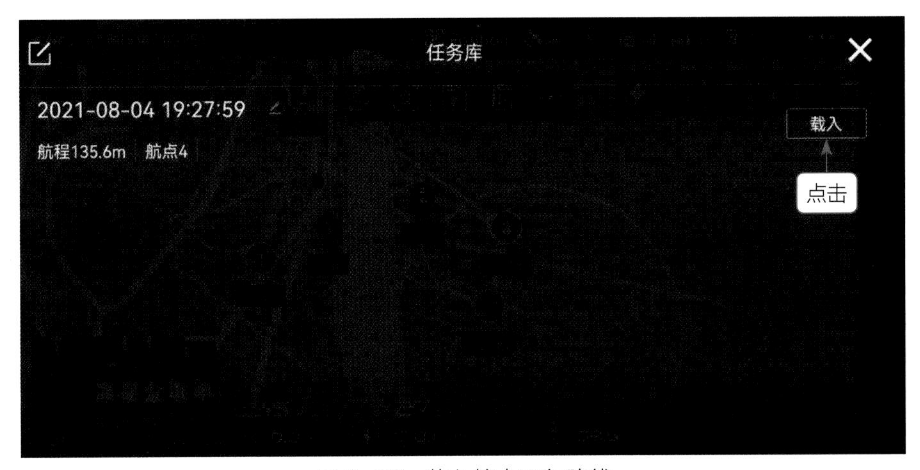

图 6-22 载入航点飞行路线

6.3.3 删除航点飞行路线

删除航点飞行路线时，分为两种情况：一种是删除所有的航点飞行路线，另一种是删除其中某个航点飞行路线。下面对这两种情况分别进行介绍。

1. 删除所有航点飞行路线

如果整条飞行路线都不需要了，就可以将其删除，下面介绍具体操作方法。

步骤 01 当地图上设计好航点路线后，点击上方的“删除”按钮，如图6-23所示。

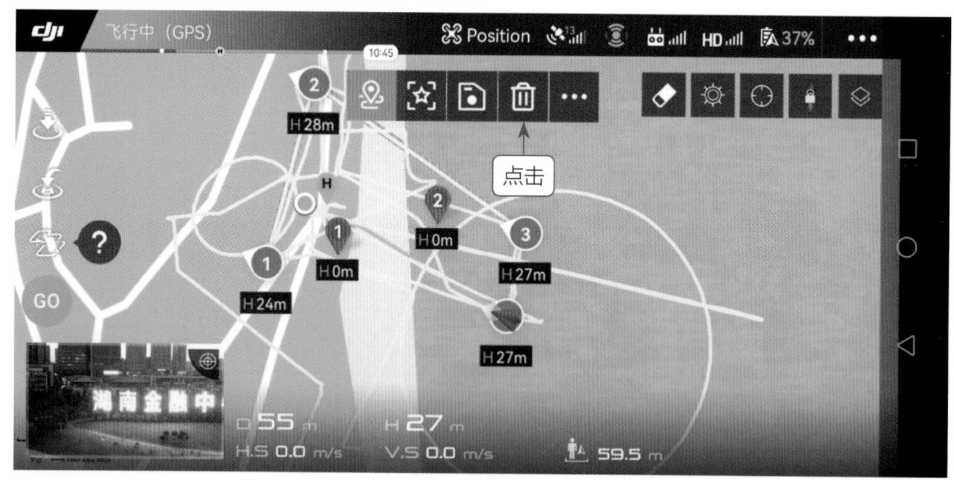

图 6-23 点击上方的“删除”按钮

步骤 02 弹出信息提示框，提示用户是否删除所有航点及兴趣点，如图6-24所示。点击“确认”按钮，即可删除地图上的所有航点信息。

图 6-24 删除所有航点及兴趣点

2. 删除某个航点飞行路线

如果用户不想删除整条飞行路线，只是想删除其中某个航点信息，此时可以参照以下方法进行删除操作。

步骤 01 在航点规划界面中，点击需要删除的航点，这里点击数字4，如图6-25所示。

步骤 02 执行操作后，进入“航点4”的详细规划界面，点击左上方的“删除”按钮，如图6-26所示。

步骤 03 执行操作后，即可删除“航点4”的飞行路线，此时规划界面中只剩下3个航点信息，如图6-27所示。

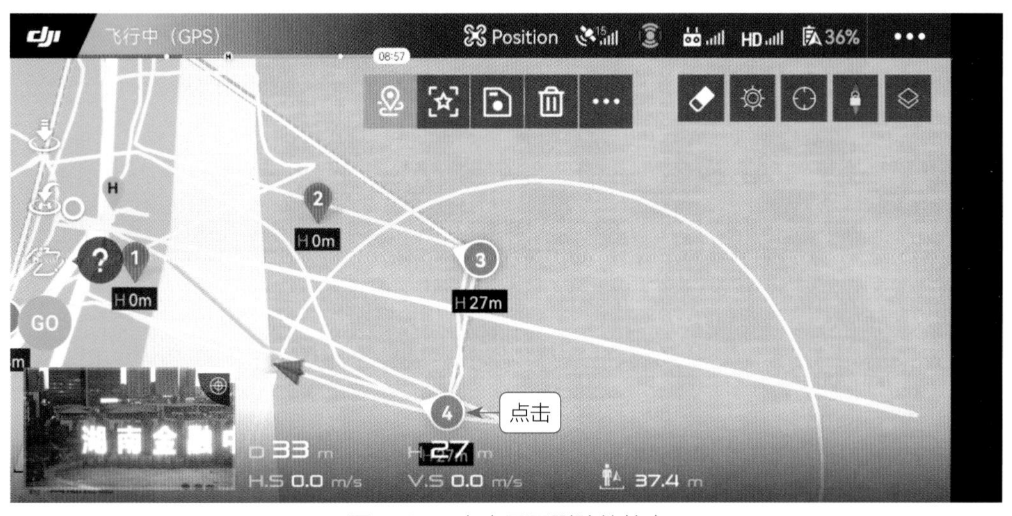

图 6-25　点击需要删除的航点

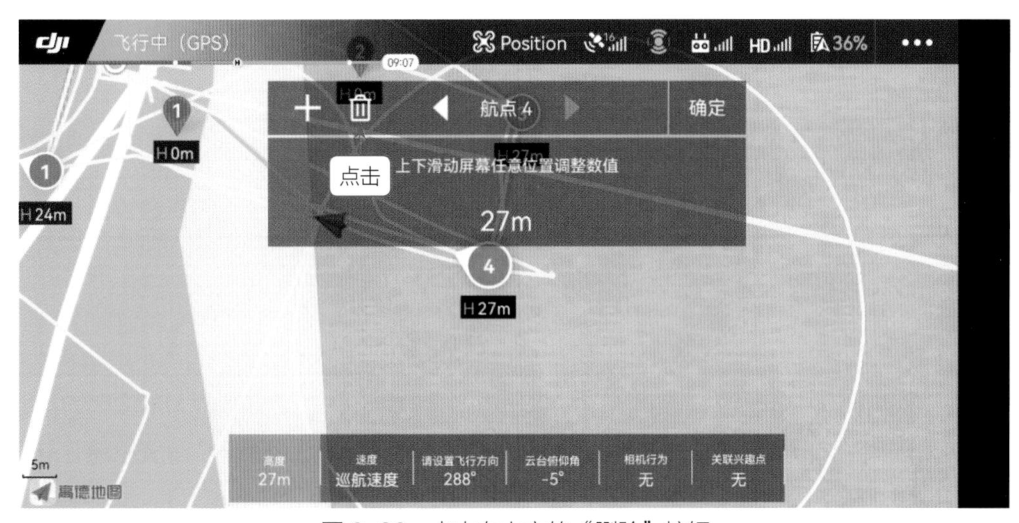

图 6-26　点击左上方的“删除”按钮

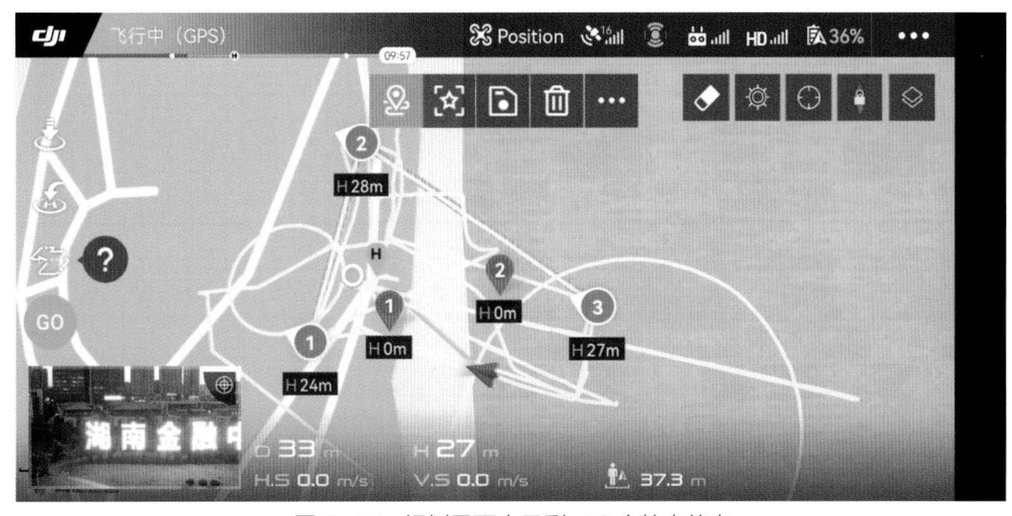

图 6-27　规划界面中只剩下 3 个航点信息

第7章

全景航拍：展现城市的辽阔美景

全景摄影，是将所拍摄的多张照片拼成一张全景图。它的基本拍摄原理是搜索两张图片的边缘部分，并将成像效果最为接近的区域加以重合，以完成图片的自动拼接。

随着无人机技术的不断发展，我们可以通过无人机轻松拍出全景影像作品，而且非常方便地运用电脑进行后期拼接。本章主要介绍全景航拍的相关内容。

7.1 5种模式：全景照片的航拍技巧

以大疆御Mavic 2 Pro无人机为例，其提供了4种拍摄全景照片的模式，如球形全景、180°全景、广角全景，以及竖幅全景等，本节针对这些全景模式进行详细讲解。

7.1.1 使用球形全景航拍高尔夫花园

球形全景是指无人机自动拍摄26张照片，然后进行自动拼接，这是一张动态的全景照片。拍摄完成后，用户在查看照片效果时，可以点击球形照片的任意位置，相机将自动缩放到该区域的局部细节。下面介绍航拍球形全景照片的操作方法。

步骤 01 打开DJI GO 4 App，进入飞行界面，点击右侧的“调整”按钮，如图7-1所示。

图 7-1 点击“调整”按钮

步骤 02 进入相机调整界面，选择“拍照模式”选项，进入“拍照模式”界面。展开“全景”选项，点击“球形”按钮，如图7-2所示。

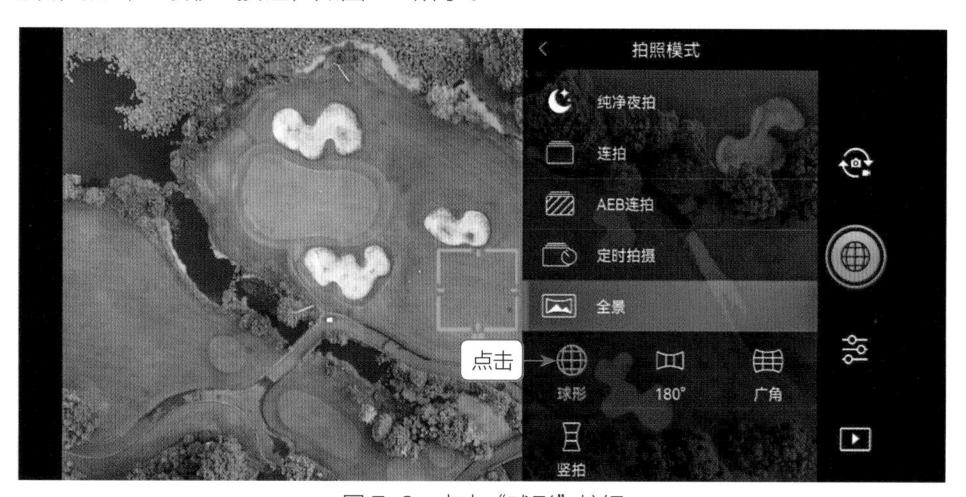

图 7-2 点击“球形”按钮

步骤 03 点击右侧的拍摄键，即可开始拍摄球形全景照片。拍摄时云台镜头会自动旋转角度，屏幕右侧显示了拍摄进度，如图7-3所示。

图 7-3 开始拍摄球形全景照片

步骤 04 待球形全景照片拍摄完成后，点击右下角的按钮，进入SD卡查看拍摄的高尔夫花园球形全景效果，如图7-4所示。

图 7-4 查看拍摄的球形全景效果

步骤 05 点击该球形全景效果，即可进入动态查看页面，查看球形全景每个区域的局部风光，效果如图7-5所示。

图 7-5 进入动态查看页面

7.1.2 使用 180° 全景航拍城市风光

180° 全景是指航拍了21张照片的拼接效果，以横幅全景的方式展现出来。该模式适合拍摄城市中的大场景风光，如城市中的建筑群或者跨江大桥等。下面介绍使用180° 全景航拍城市风光的操作方法。

步骤 01 打开DJI GO 4 App，进入飞行界面，确认好构图取景后，点击右侧的“调整”按钮，如图7-6所示。

图 7-6 点击“调整”按钮

步骤 02 进入相机调整界面，选择“拍照模式”选项，进入“拍照模式”界面。展开“全景”选项，点击180° 按钮，如图7-7所示。

图 7-7 点击 180° 按钮

步骤 03 点击右侧的拍摄键，即可开始拍摄180° 全景照片。拍摄时云台镜头会自动旋转角度，屏幕右侧显示了拍摄进度，如图7-8所示。

图 7-8　开始拍摄 180° 全景照片

步骤 04 待180° 全景照片拍摄完成后，点击右下角的▶按钮，进入SD卡查看拍摄的180° 城市风光全景效果，如图7-9所示。

图 7-9　查看拍摄的 180° 城市风光全景效果

7.1.3 使用广角全景航拍户外广告牌匾

无人机中的广角全景是指9张照片的拼接效果，拼接出来的照片尺寸呈正方形。下面介绍使用广角全景航拍户外牌匾的操作方法。

步骤 01 打开DJI GO 4 App，进入飞行界面，确认好构图取景后，点击右侧的“调整”按钮，如图7-10所示。

图7-10 点击“调整”按钮

步骤 02 进入相机调整界面，选择“拍照模式”选项，进入“拍照模式”界面。展开“全景”选项，点击“广角”按钮，如图7-11所示。

图7-11 点击“广角”按钮

步骤 03 点击右侧的拍摄键，即可开始拍摄广角全景照片，拍摄完成后即可预览拍摄的效果，如图7-12所示。

图 7-12　预览拍摄的广角全景照片效果

专家提醒

我们还可以使用广角全景模式航拍城市中的高楼建筑，展现出建筑的宏伟气势。

7.1.4 使用竖幅全景航拍城市建筑群

无人机中的竖幅全景是指3张照片的拼接效果，下面介绍使用竖幅全景航拍城市建筑群的操作方法。

步骤 01 打开DJI GO 4 App，进入飞行界面，确认好构图取景后，点击右侧的“调整”按钮，如图7-13所示。

图 7-13　点击“调整”按钮

步骤 02 进入相机调整界面，选择“拍照模式”选项，进入“拍照模式”界面。展开“全景”选项，点击“竖拍”按钮，如图7-14所示。

图 7-14　点击“竖拍”按钮

步骤 03 点击右侧的拍摄键，即可开始拍摄竖幅全景照片。拍摄时云台会自动上下俯仰镜头，屏幕右侧显示了拍摄进度，如图7-15所示。

图 7-15　开始拍摄竖幅全景照片

步骤 04 待竖幅全景照片拍摄完成后，点击右下角的▶按钮，进入SD卡查看拍摄的竖幅城市建筑群全景效果，如图7-16所示。

图7-16　竖幅城市建筑群全景效果

7.1.5 手动拍摄多张需要拼接的全景图片

前面几节介绍了使用无人机自带的"全景"功能拍摄全景照片的方法，这种拍摄方法的优点是简单、方便，缺点是由于是无人机自动拍摄的，在拍摄中无法容纳更多想要表现的内容。

手动拍摄全景图片，通常需要拍摄多张照片进行合成，因此在拍摄前需要在脑海里想象一下自己到底要多大的画面，把全景照片的拍摄张数确定好，然后才能开始拍摄。根据所要拍摄的全景照片的尺寸规格推算出大致的像素，以及需要的照片数量，同时也可以将镜头焦距确定好。通常情况下，我们可以多次试拍，找到能够满足拼接质量的照片张数，实拍时可以酌情增加拍摄的张数。下面主要介绍手动拍摄3张需要拼接的竖幅全景图片的方法。

步骤 01 将无人机飞到一定高度，调整云台俯仰角度，分别拍摄3张照片，如图7-17所示。

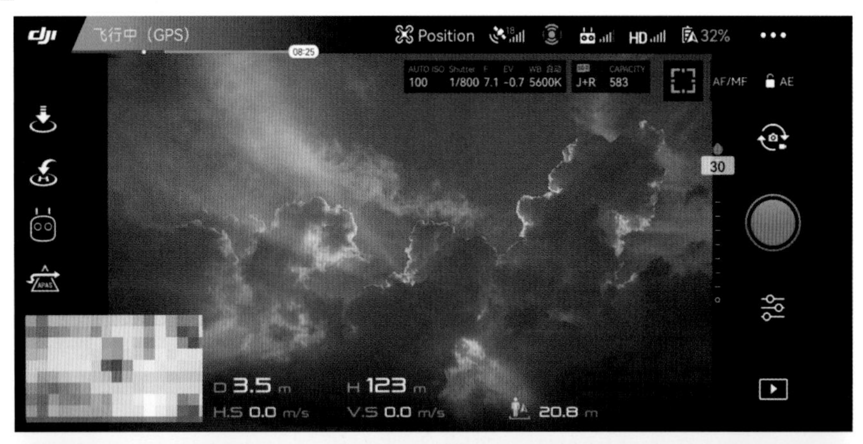

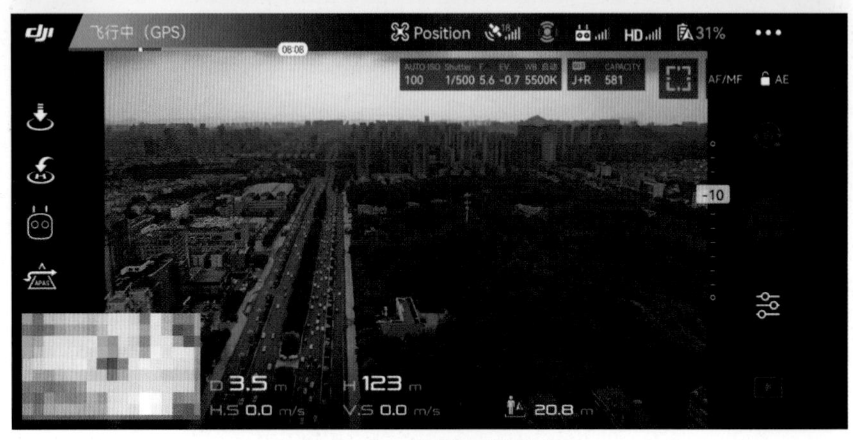

图 7-17 拍摄 3 张照片

步骤 02 通过Photoshop软件对3张照片进行后期合成与处理(在下一节内容中将详细介绍操作步骤)，即可完成手动拍摄竖幅全景照片的操作，效果如图7-18所示。

图 7-18　手动拍摄的竖幅全景照片

白天使用无人机拍摄全景照片时，可以放心使用自动白平衡模式，后期通过RAW照片处理时，很容易设置为色调一致的白平衡。不过，在旋转云台相机镜头的时候，我们要尽可能地多留出一些重叠的部分，通常为三分之一左右，这样后期软件在拼接时会自动计算重叠部分，截取中央最佳画质的画面，从而使全景照片的质量达到最优。

如图7-19所示，是在长沙福元路大桥航拍的多张RAW格式的照片，这些照片都需要通过Photoshop后期软件拼接之后，才能形成一张完整的全景照片。

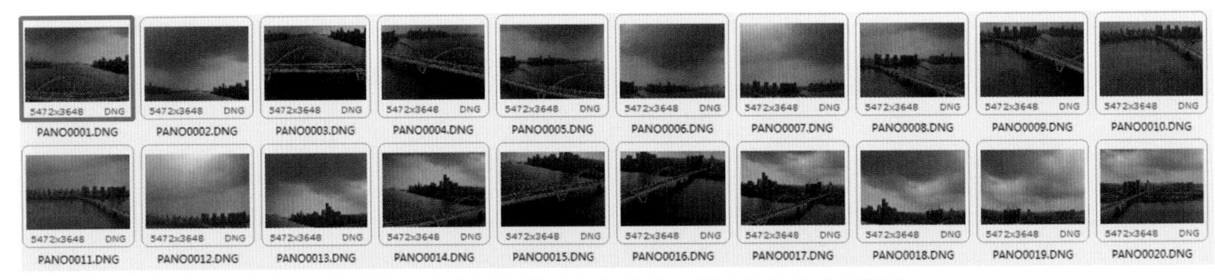

图 7-19 长沙福元路大桥航拍的多张 RAW 格式的照片

使用Photoshop对多张照片进行了后期合成与处理，制作好的长沙福元路大桥的横幅全景照片效果，如图7-20所示。

图 7-20 使用 Photoshop 进行后期合成与处理后的全景照片效果

7.2 3种后期：全景照片的后期处理

前面几节介绍了使用无人机自带的“全景”功能拍摄全景照片的方法，还讲解了手动拍摄多张照片进行全景合成的方法。本节将为读者讲解全景照片的后期处理技巧，包括使

用Photoshop软件拼接全景照片、在Photoshop中制作360° 全景小星球效果，以及使用720yun制作动态全景小视频的操作方法。

7.2.1 使用 Photoshop 拼接全景图片

步骤 01 进入Photoshop工作界面，在菜单栏中单击“文件”|“自动”|Photomerge命令，弹出Photomerge对话框，单击“浏览”按钮，如图7-21所示。

步骤 02 在弹出的对话框中，选择需要接片的文件，如图7-22所示。

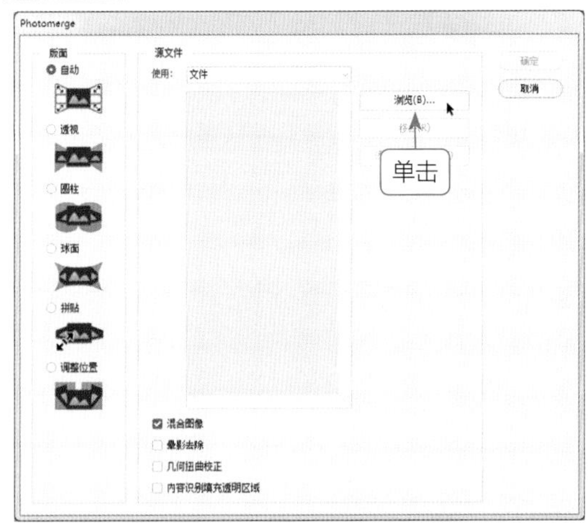

图 7-21 单击“浏览”按钮

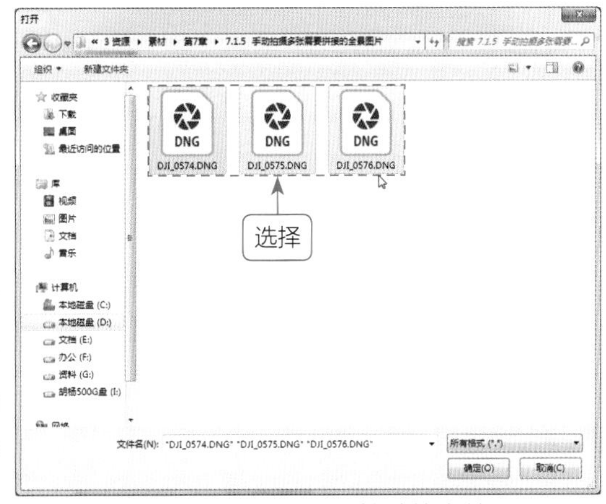

图 7-22 选择需要接片的文件

步骤 03 单击“确定”按钮，在Photomerge对话框中可以查看导入的接片文件，单击“确定”按钮，如图7-23所示。

步骤 04 执行操作后，Photoshop开始执行接片操作，并完成拼接，如图7-24所示。

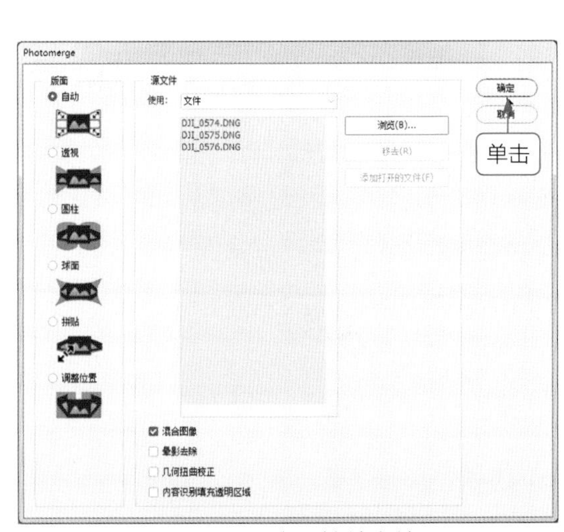

图 7-23 查看接片文件

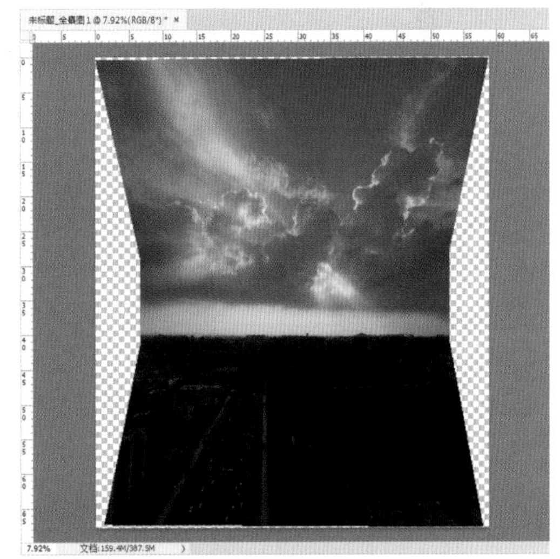

图 7-24 执行接片操作

步骤 05 使用裁剪工具裁剪照片多余部分，如图7-25所示。

图 7-25　使用裁剪工具裁剪照片多余部分

步骤 06 在“图层”面板中选择所有图层，单击鼠标右键，在弹出的快捷菜单中选择“合并图层”选项，合并所有图层。在Photoshop中用户可根据需要对照片进行调色处理，使照片的色彩更加绚丽，可查看图7-18所示的照片效果。

7.2.2 在 Photoshop 中制作 360° 全景小星球效果

本节主要讲解在PTGui软件中合成全景照片，然后在Photoshop中制作360° 全景小星球的效果，帮助大家制作出极具个性的航拍作品。

步骤 01 打开PTGui软件，❶单击左侧的“加载图像”按钮，弹出“添加图像”对话框；❷选择需要加载的照片；❸单击“打开”按钮，如图7-26所示。

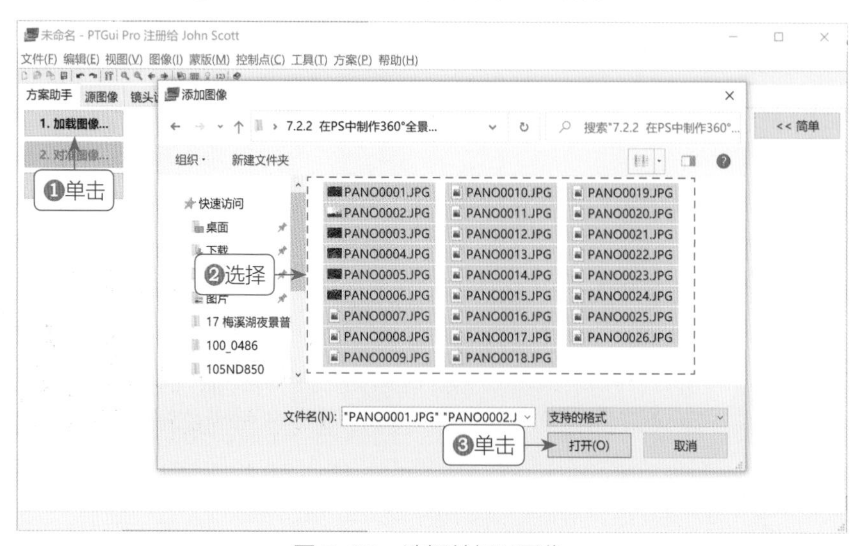

图 7-26　选择并打开图像

步骤 02 加载素材后，❶单击左侧的“对准图像”按钮，弹出“全景图编辑器”窗口；❷单击左侧的“创建全景图”按钮，如图7-27所示。

图 7-27　编辑全景图

步骤 03 在弹出的设置面板中，设置全景照片的尺寸、格式，以及输出位置等，单击“创建全景图”按钮，如图7-28所示，即可创建全景照片。

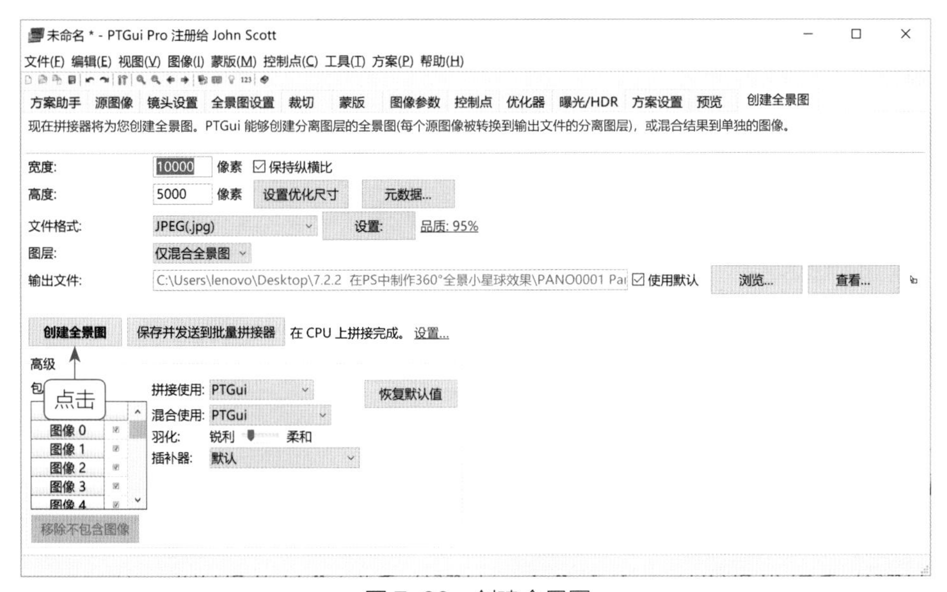

图 7-28　创建全景图

步骤 04 在Photoshop中打开拼接完成的全景图，对照片进行裁剪与调色处理。单击“图像”|“图像旋转”|“垂直翻转画布”命令，对图像进行垂直翻转操作；单击“图像”|“图像大小”命令，弹出“图像大小”对话框，❶取消限制长宽比；❷设置“宽度”和“高度”均为4000；❸单击“确定”按钮，如图7-29所示。

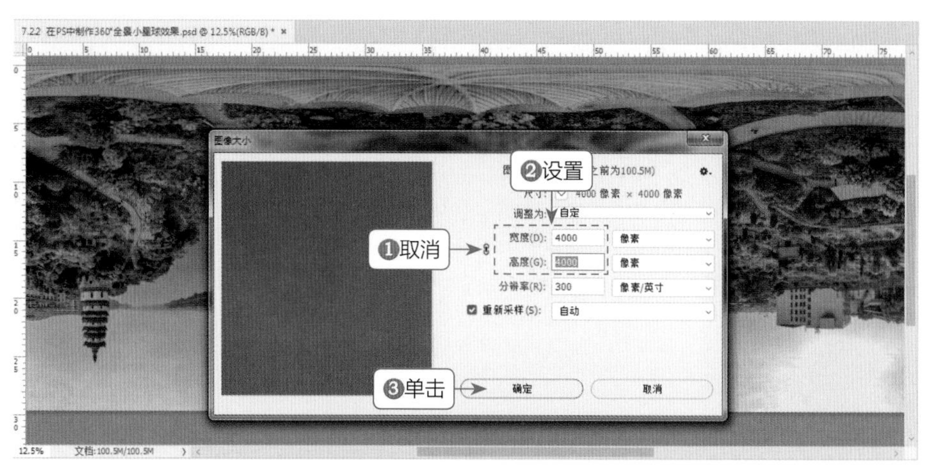

图 7-29 设置宽度和高度

步骤 05 执行操作后，此时照片会变成上下颠倒的正方形，如图7-30所示。

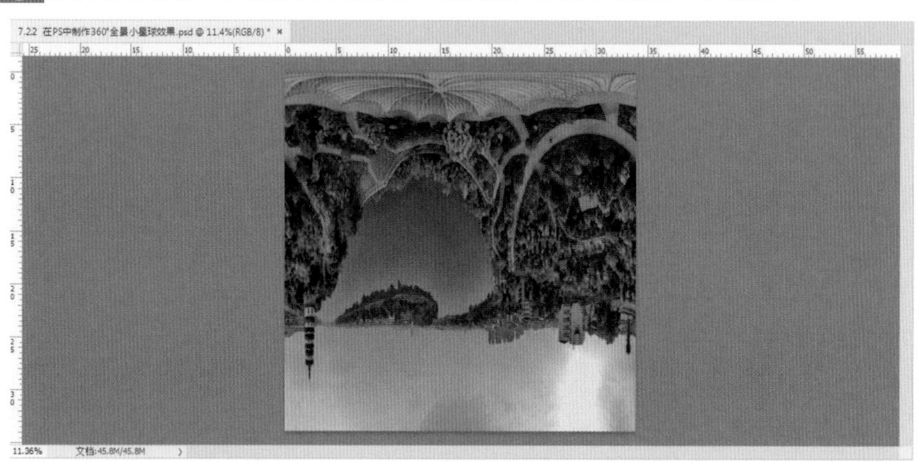

图 7-30 照片变成上下颠倒的正方形

步骤 06 单击“滤镜”|“扭曲”|“极坐标”命令，弹出“极坐标”对话框，❶选中“平面坐标到极坐标”单选按钮；❷单击“确定”按钮，如图7-31所示。

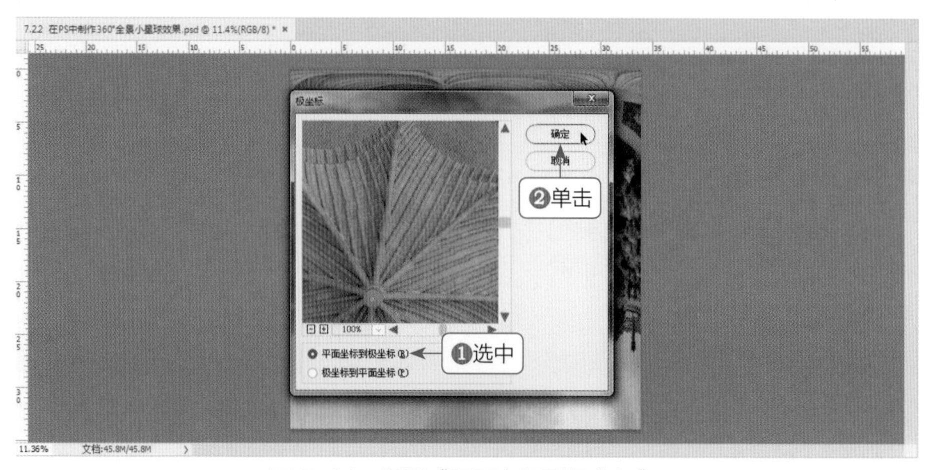

图 7-31 设置“平面坐标到极坐标”

步骤 07 执行操作后，即可制作360° 全景小星球效果。使用Photoshop中的相关工具稍微调整拼接处的图像过渡效果，对画面进行适当旋转，使画面更加美观，效果如图7-32所示。

图 7-32　制作 360° 全景小星球效果

7.2.3 使用 720yun 制作动态全景小视频

720yun是一款VR全景内容分享软件，它的核心功能包含推荐、探索，以及制作全景小视频等。下面介绍使用720yun App制作动态全景小视频的操作方法。

步骤 01 下载、安装并打开720yun App，点击下方的+按钮，如图7-33所示。

步骤 02 在弹出的列表框中，选择“发布全景图片”选项，如图7-34所示。

图 7-33　点击新增按钮

图 7-34　选择“发布全景图片”选项

步骤 03 进入“发布全景图片”界面，点击“本地相册添加”按钮，如图7-35所示。

步骤 04 打开“最近”界面，选择一张需要制作动态全景的素材，如图7-36所示。

图 7-35　点击“本地相册添加”按钮

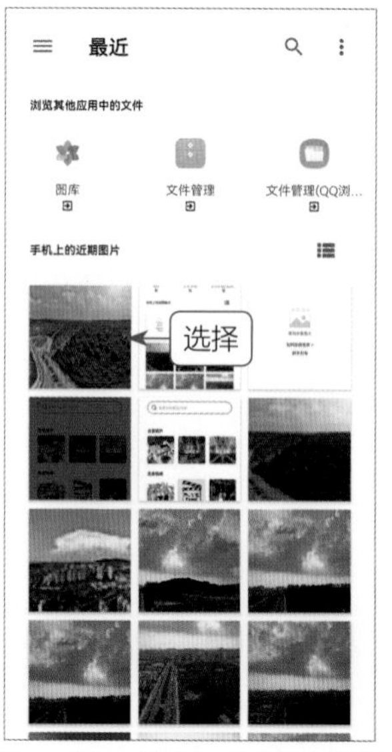

图 7-36　选择一张照片素材

步骤 05 返回“发布全景图片”界面，设置作品的标题名称，如图7-37所示。

步骤 06 点击“发布”按钮，即可发布作品，并显示发布进度，如图7-38所示。

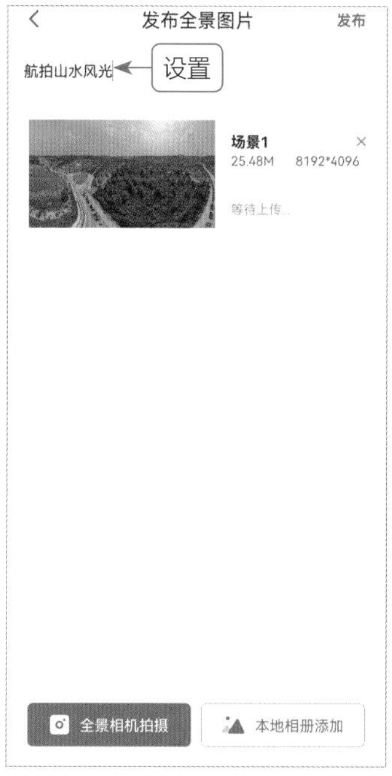

图 7-37　设置作品的标题名称

图 7-38　显示作品发布进度

步骤 07 稍等片刻，即可预览发布完成的动态全景小视频，用手指滑动屏幕，即可查看各部分的画面效果，如图7-39所示。

图 7-39　预览发布完成的动态全景小视频

第 8 章

夜景航拍：拍出夜晚的灯光之美

绚丽的夜景让我们震撼，但夜景也是无人机航拍中的一个难点，由于夜间光线不佳，昏暗的光线容易导致画面黑乎乎的，而且噪点还非常多，稍微把握不好就无法拍出理想的画质。

那么如何才能稳稳地拍出华美的城市夜景呢？本章我们就开始学习夜景航拍的内容。

8.1 一定要看：航拍夜景的注意事项

当我们在城市上空航拍夜景照片或视频时，一定要利用好周围的灯光效果，保持无人机平稳、慢速地飞行，这样才能拍摄出清晰的夜景照片。本节主要介绍在航拍夜景之前需要注意的事项。

8.1.1 观察周围环境，提前踩点

夜间航拍光线会受到很大的影响，当无人机飞到空中的时候，飞手只能看到无人机的指示灯一闪一闪的，其他的什么也看不见。而且，由于夜间环境光线不足，无人机的下视感知系统会受影响，避障功能不可用，如图8-1所示。

图 8-1 提示避障功能不可用

因为晚上的高空环境是肉眼所看不见的，所以拍摄夜景前一定要在白天时先检查一下这个拍摄地点，看上空是否有电线或者其他障碍物，以免造成无人机的坠毁。如果拍摄时的光线过暗，此时可以适当调整云台相机的感光度和光圈值，来增加图传画面的亮度。

专家提醒

无人机在夜间飞行时，它的下视避障功能会受到影响，无法正常工作，如果能通过调整感光度来增加画面亮度，就能更清楚地看到周围的环境。但用户在拍摄照片前，一定要将感光度参数调整为正常状态，以免拍摄的照片出现过曝的情况。

8.1.2 拍摄时将飞行器前臂灯关闭

默认情况下，飞行器前臂灯显示为红灯。夜间拍摄时，前臂灯会对画质产生干扰和影响，所以我们在夜间拍摄照片或视频的时候，一定要把前臂灯关闭。可以在飞行界面中点击右侧的“调整”按钮，进入相机设置界面，开启“自动关闭机头指示灯”功能，如图8-2所示。

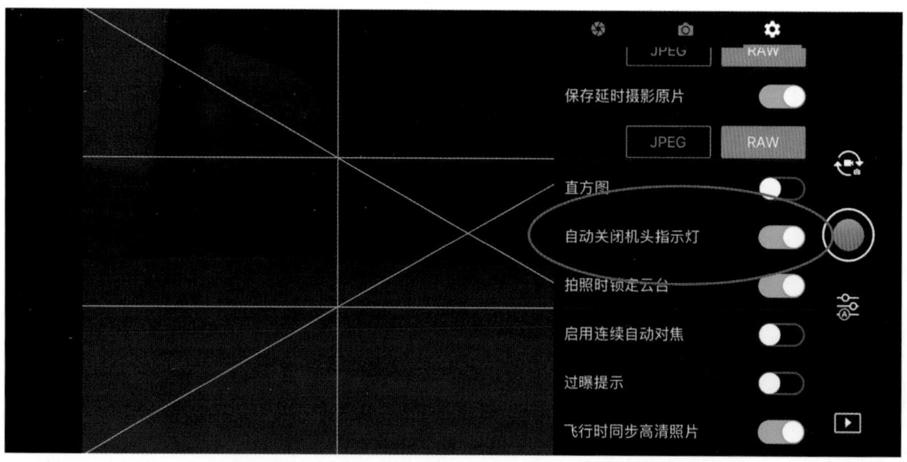

图 8-2 开启“自动关闭机头指示灯”功能

8.1.3 调节云台的角度，使画面不倾斜

拍摄夜景时，如果发现云台相机有些倾斜，此时可以通过“云台微调”功能来调整其角度，使云台回正。调节云台的方法很简单，在DJI GO 4 App中点击“通用设置”按钮，进入“通用设置”界面。在“云台”界面中，选择“云台微调”选项，如图8-3所示。

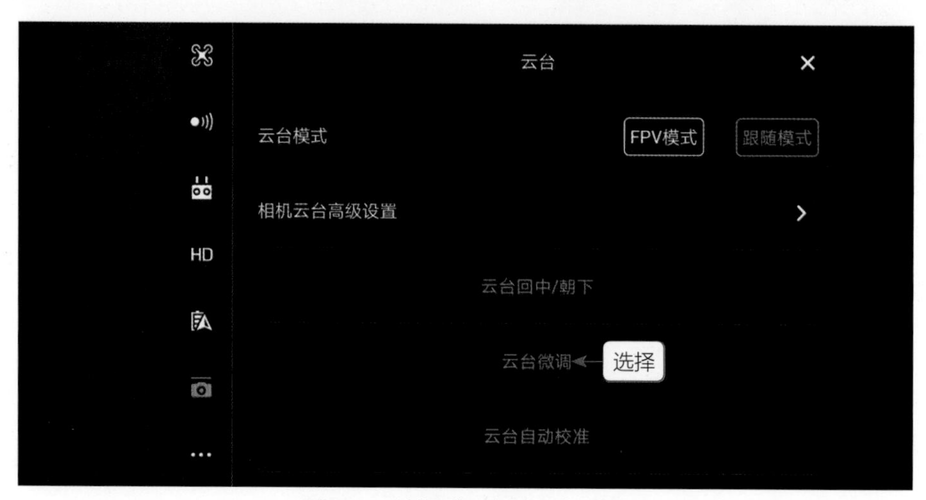

图 8-3 选择“云台微调”选项

此时，图传界面中弹出提示信息框，提示用户可以进行水平微调和偏航微调，如图8-4所示。用户点击相应的功能即可对云台进行微调。

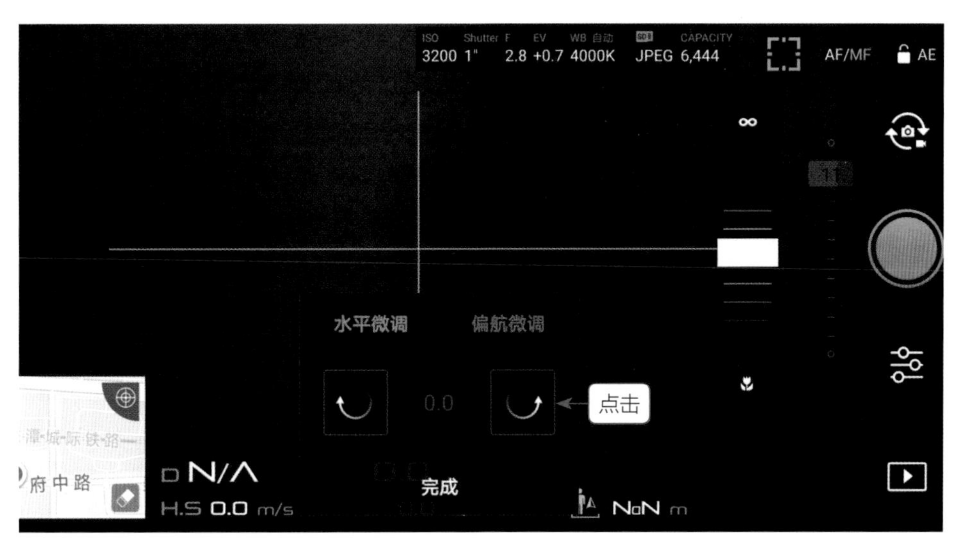

图 8-4 界面中弹出的微调提示信息框

8.1.4 设置画面白平衡，矫正视频色彩

白平衡，是描述显示器中红、绿、蓝三基色混合生成后白色精确度的一项指标，通过设置白平衡可以解决画面色彩和色调处理的一系列问题。在无人机的视频设置界面中，用户可以通过设置视频画面的白平衡参数，使画面达到不同的色调效果。下面主要为读者介绍在视频界面中设置白平衡的操作方法，主要包括阴天模式、晴天模式、白炽灯模式、荧光灯模式，以及自定义模式等。

进入飞行界面，❶点击右侧的“调整”按钮，进入相机调整界面；❷切换至“录像”选项卡；❸选择“白平衡”选项，如图8-5所示。

图 8-5 选择“白平衡”选项

进入“白平衡”界面，如图8-6所示。默认情况下白平衡参数为“自动”模式，由无人机根据当时环境的画面亮度和颜色自动设置白平衡的参数。

图 8-6 进入“白平衡”界面

在无人机相机设置中，用户还可以根据不同的天气和灯光效果，自定义设置白平衡的参数，使拍摄出来的画面更加符合用户的要求。自定义白平衡参数的方法很简单，只需在“白平衡”界面中，选择“自定义”选项，在下方拖曳自定义滑块，即可设置白平衡的参数，在具体的设置过程中，可以根据当时拍摄环境的光线来调整。

8.1.5 设置感光度与快门，降低画面噪点

在航拍夜景的时候，大家可以通过调整ISO感光度将曝光和噪点控制在合适的范围内。但要注意，夜间拍摄，感光度越高，画面噪点就越多。

在光圈参数不变的情况下，提高感光度能够使用更快的快门速度获得同样的曝光量。感光度、光圈和快门是拍摄夜景的三大参数，到底多大的ISO才适合拍摄夜景呢？我们要结合光圈和快门参数来设置。一般情况下，感光度参数值建议设置在ISO100～ISO200，最高不要超过400，否则对画质的影响会很大，如图8-7所示。

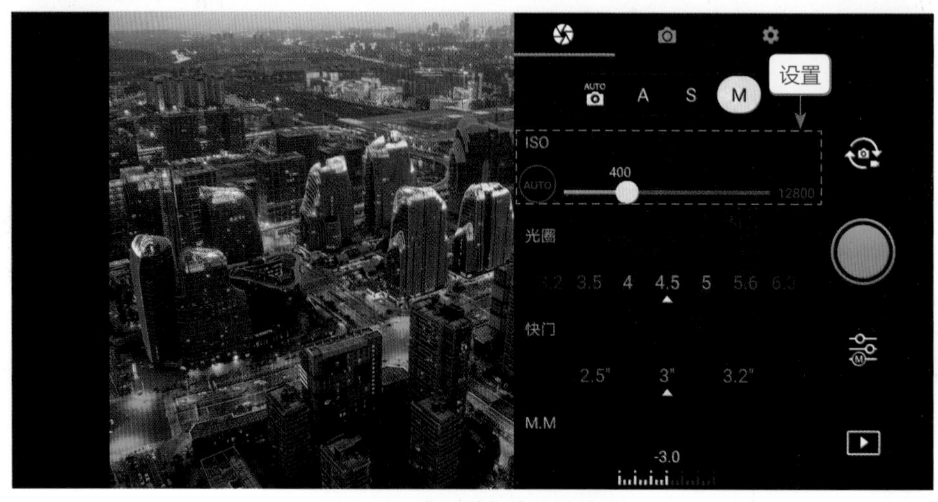

图 8-7 感光度参数值的设置

快门速度是指控制拍照时的曝光时长，夜间航拍时，如果光线不太好，我们可以加大光圈、降低快门速度，这个可以根据实际的拍摄效果来调整。在繁华的大街上，如果想拍出汽车的运动轨迹，主要是通过延长曝光时间，使汽车的轨迹形成光影线条的美感。如图8-8所示，为延长曝光时间拍摄的汽车光影效果。

图 8-8 延长曝光时间拍摄的汽车光影效果

8.2 灯火阑珊：夜景的航拍光线

拍摄夜景照片时，由于无人机受周围环境光线的影响较大，所以操控人员应适当采用各种光线调整功能。本节主要介绍两种简单的夜景航拍模式。

8.2.1 使用 M 档航拍夜景车流

飞手们可使用M档航拍夜景照片，这样拍摄出来的照片光线会好一些。下面介绍使用M档手动设置曝光参数的方法。

步骤 01 在飞行界面中，点击右侧的“调整”按钮，如图8-9所示。

步骤 02 进入ISO、光圈和快门设置界面，点击M按钮切换至手动模式，即可手动设置曝光参数，如图8-10所示。

步骤 03 在其中设置ISO为100、“光圈”为2.8、“快门”为2s，如图8-11所示。

图 8-9　点击“调整”按钮

图 8-10　点击 M 按钮切换至手动模式

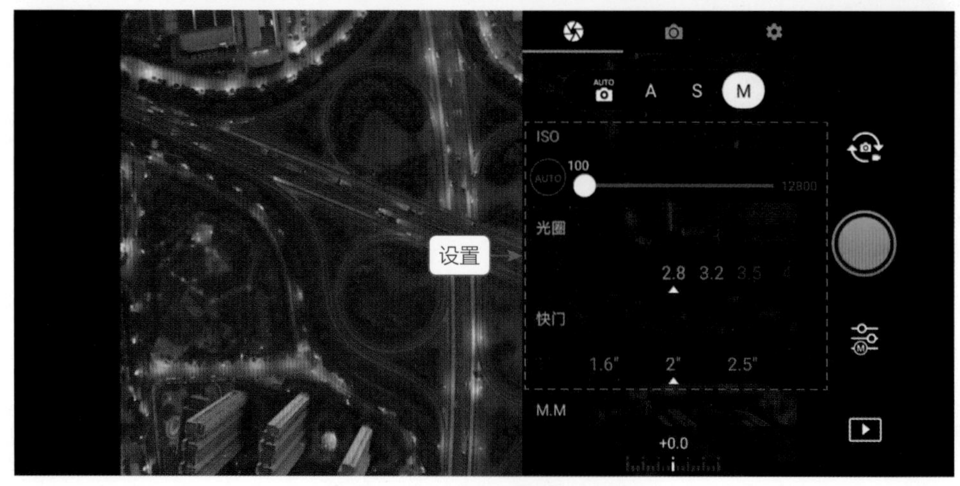

图 8-11　手动设置曝光参数

步骤 04 返回飞行界面，点击右侧的拍摄键，如图8-12所示。

图 8-12 点击拍摄键

步骤 05 执行操作后，即可使用M档拍摄夜景车流，效果如图8-13所示。

图 8-13 使用 M 档拍摄夜景车流

在夜晚航拍照片或视频的时候，对焦会有一些不准确，导致拍摄出来的画面不清晰，此时我们可以打开“峰值对焦”功能，该功能会将画面中最锐利的区域高亮标记出来，从而帮助我

们判断画面区域是否成功对焦。

设置方法很简单，在飞行界面中，点击右侧的“调整”按钮，进入相机调整界面。点击右上方的“设置”按钮，进入相机设置界面。选择“峰值等级”选项，进入“峰值等级”界面。在其中可以根据画质的明亮程度设置相应的峰值等级。

8.2.2 使用“纯净夜拍”模式航拍城市灯火

无人机中有一种拍摄模式是专门用于夜景航拍的，即“纯净夜拍”模式，这种模式拍摄出来的夜景效果非常不错，大家可以试一试。

下面介绍使用“纯净夜景”模式航拍夜景照片的操作方法。

步骤 01 在飞行界面中，点击右侧的“调整”按钮，如图8-14所示。

图 8-14　点击“调整”按钮

步骤 02 进入相机调整界面，选择“拍照模式”选项，如图8-15所示。

图 8-15　选择“拍照模式”选项

步骤 03 进入“拍照模式”界面，选择“纯净夜拍”选项，如图8-16所示。

图 8-16 选择“纯净夜拍”选项

步骤 04 返回飞行界面，点击右侧的拍摄键，如图8-17所示。

图 8-17 点击拍摄键

步骤 05 使用“纯净夜拍”模式，航拍城市灯火阑珊的夜景，效果如图8-18所示。

图 8-18 航拍城市灯火阑珊的夜景

8.3 高手夜飞：夜景的航拍手法

本节主要介绍夜景的多种航拍手法，熟练掌握这些方法，可以帮助我们轻松拍出唯美的城市夜景效果。

8.3.1 使用拉升飞行航拍城市夜景

使用拉升飞行可以展示一个城市的夜景魅力，当无人机从低处拉升飞行到一定高度后，整个城市的夜景灯光就会展现在眼前，十分唯美。如图8-19所示，为笔者使用拉升飞行拍摄的城市夜景风光。

图 8-19 使用拉升飞行拍摄的城市夜景风光

具体拍摄时，将无人机的镜头平视前方建筑，然后使用左手向上拨动左摇杆，无人机即可进行拉升飞行。

8.3.2 使用俯仰镜头航拍城市夜景

航拍夜景的时候，通过俯仰镜头可以拍出街道的灯火辉煌，以及城市的辽阔感，如图8-20所示。

图 8-20 使用俯仰镜头航拍城市夜景

具体拍摄时，将无人机飞行到一定的高度，然后拨动“云台俯仰”拨轮，实时调节云台的俯仰角度，将镜头抬起，拍出城市道路的辽阔感。

8.3.3 使用向前飞行航拍城市夜景

城市夜景光线的特点在于，它既给夜景的拍摄提供了必要的光源，又构成画面的一部分，人造灯光点亮了整个城市，呈现出一片繁华景象。使用向前飞行的手法航拍夜景时，可以让前景建筑不断地展现在眼前，产生一种在空中翱翔的感觉。

向前飞行有两种方式：第一种是用右手向上拨动右摇杆，无人机即可向前飞行，在飞行过程中拍摄出普通视频效果；第二种是拍摄定向延时视频，使无人机朝指定方向飞行，并拍摄延时视频效果，如图8-21所示。这两种方式，都能拍出向前飞行的夜景效果。

图 8-21 使用向前飞行航拍城市夜景

8.3.4 使用 180° 全景模式航拍夜景

使用180° 全景模式可以拍摄出横幅的城市夜景效果，体现出城市的宽广与辽阔。下面介绍使用180° 全景模式航拍夜景效果的操作方法。

步骤 01 在飞行界面中，点击右侧的“调整”按钮，如图8-22所示。

图 8-22 点击“调整”按钮

步骤 02 进入相机调整界面，选择“拍照模式”选项，如图8-23所示。

图 8-23 选择“拍照模式”选项

步骤 03 进入“拍照模式”界面，在其中展开“全景”选项，点击180° 按钮，如图8-24所示。

步骤 04 点击拍摄键，无人机开始自动拍摄180° 全景照片。拍摄时相机云台将自动旋转，屏幕右侧显示了拍摄进度，如图8-25所示。

步骤 05 待照片拍摄完成后，点击右下角的按钮，进入SD卡查看拍摄的180° 全景夜景效果，如图8-26所示。

图 8-24　点击 180° 按钮

图 8-25　自动拍摄 180° 全景照片

图 8-26　查看拍摄的 180° 全景夜景效果

8.3.5　使用球形全景模式航拍夜景

球形全景模式可以将城市的夜景拍摄成一个球状，是一张动态的全景照片，笔者经常使用该模式航拍城市夜景。球形全景模式的具体操作步骤如下。

步骤 01 调整好构图，在飞行界面中点击右侧的“调整”按钮，如图8-27所示。

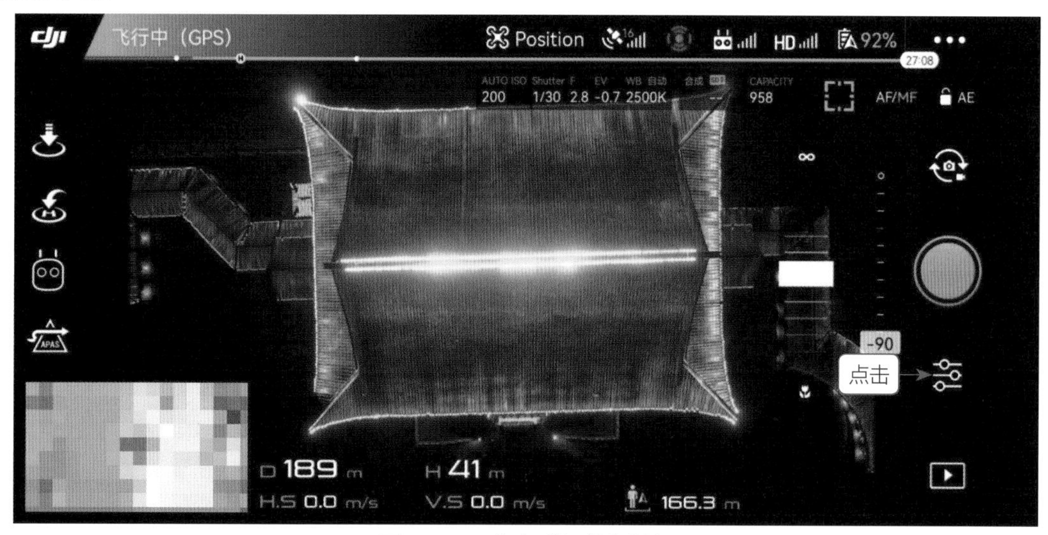

图 8-27　点击“调整”按钮

步骤 02 进入相机调整界面，选择“拍照模式”选项，进入“拍照模式”界面。展开“全景”选项，点击“球形”按钮，如图8-28所示。

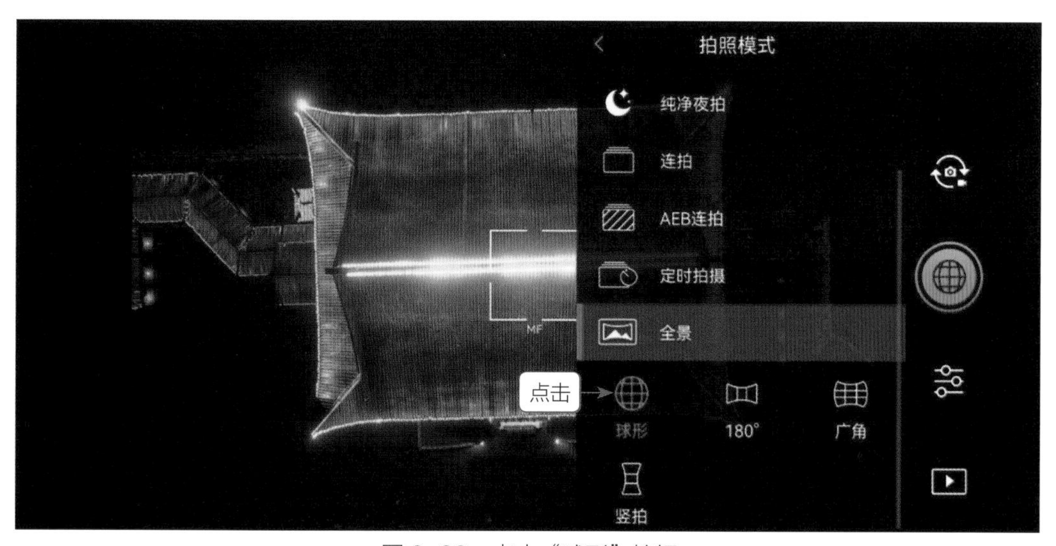

图 8-28　点击“球形”按钮

步骤 03 点击拍摄键，无人机开始自动拍摄球形全景照片。拍摄时相机云台将自动旋转，屏幕右侧显示了拍摄进度，如图8-29所示。

图 8-29 自动拍摄球形全景照片

步骤 04 待球形全景照片拍摄完成后，点击右下角的按钮，进入SD卡查看拍摄的球形全景夜景效果，如图8-30所示。

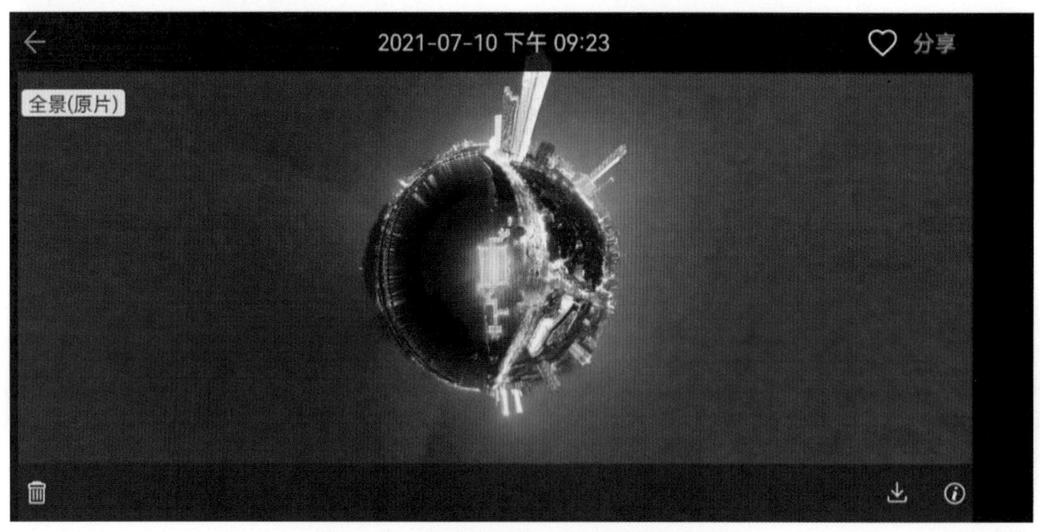

图 8-30 查看拍摄的球形全景夜景效果

第9章

无人机光绘：以天空为画布拍出光影

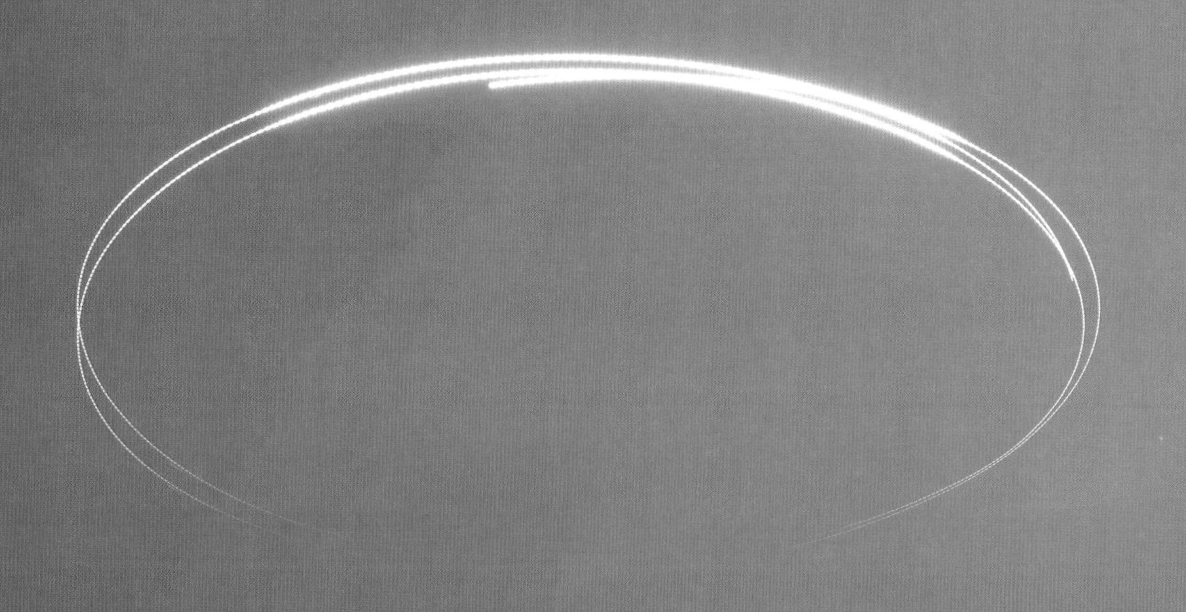

无人机不仅可以航拍各种美丽的风景，还可以用来拍摄创意十足的光绘作品。在无人机上挂一个LED灯，通过控制无人机的飞行路径，用相机记录画面中的光绘效果。

本章主要向读者讲解拍摄无人机光绘作品的操作方法。

9.1 提前知晓：拍摄无人机光绘的注意事项

使用无人机拍摄光绘作品之前，有些拍摄的注意事项需要读者提前了解，比如关闭飞行器前臂灯，打开无人机的下视辅助照明功能，或者在无人机上挂一个LED补光灯等。

9.1.1 一定要关闭飞行器前臂灯

默认情况下，飞行器前臂灯显示为红灯，夜间拍摄无人机光绘作品时，前臂灯会对光绘画质有干扰和影响，所以我们在夜间拍摄光绘的时候，一定要把前臂灯关闭。

关闭方法很简单，在DJI GO 4 App中点击“通用设置”按钮，进入“通用设置”界面。在“飞控参数设置”界面中，选择“高级设置”选项，如图9-1所示。

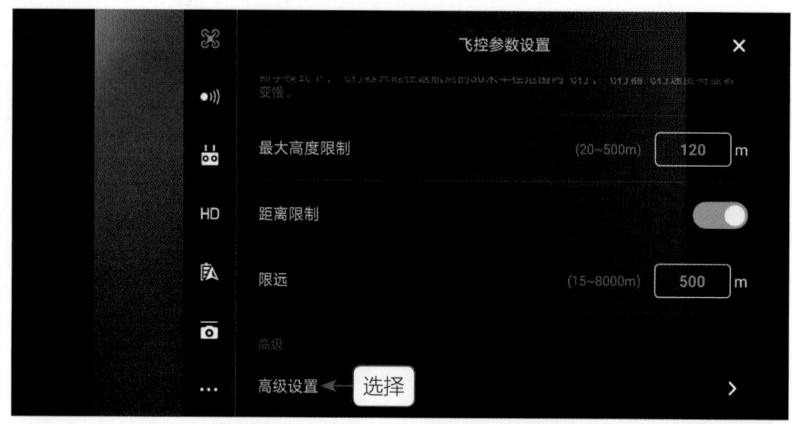

图 9-1　选择“高级设置”选项

进入“高级设置”界面，关闭“打开机头指示灯”右侧的按钮，呈黑色状态即可关闭飞行器前臂灯，如图9-2所示。当用户拍摄完成后，一定要记得打开机头前臂指示灯，否则会影响无人机的飞行安全。打开机头前臂指示灯后，也方便我们在黑暗的天空中快速找到无人机的位置。

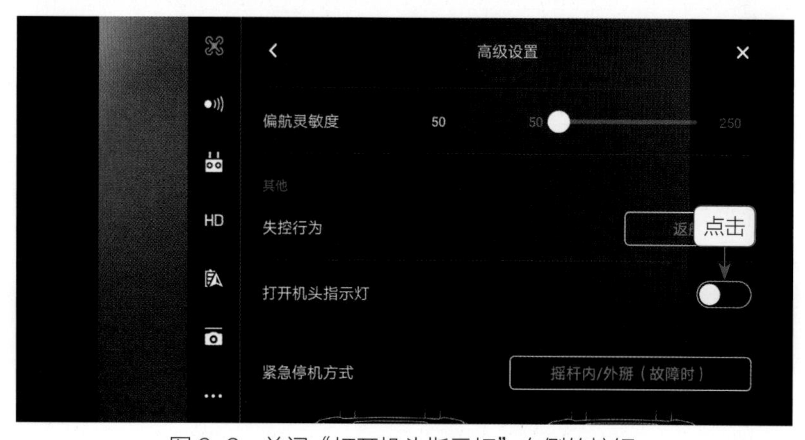

图 9-2　关闭“打开机头指示灯”右侧的按钮

9.1.2 打开无人机下视辅助照明功能

关闭前臂灯后，接下来需要打开无人机的下视辅助照明功能，依靠无人机自带的补光灯，可以在天上绘制出完美的光绘线条。有些无人机有下视辅助照明功能，有些无人机没有，大家需要查看自己的无人机的使用说明书。

下面以大疆御2 Pro无人机为例进行讲解，这款无人机具有下视辅助照明功能。打开无人机下视辅助照明功能的具体操作步骤如下。

步骤 01 在DJI GO 4 App飞行界面中，点击“通用设置”按钮•••，进入“通用设置”界面，在“感知设置”界面中，点击“下视辅助照明”右侧的“自动”按钮，如图9-3所示。

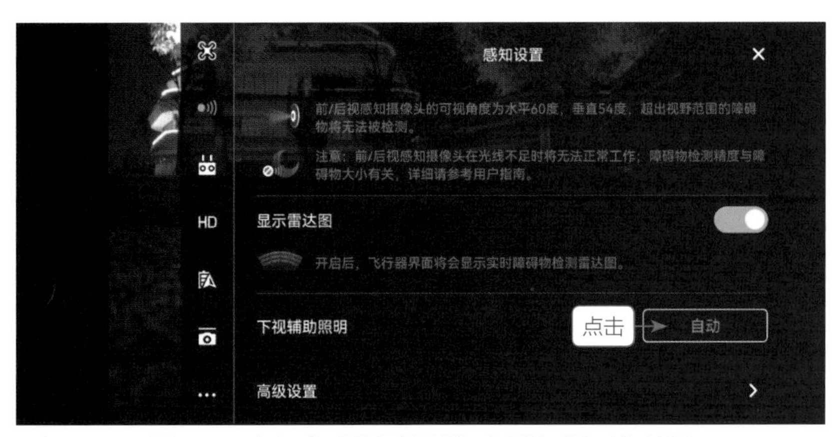

图 9-3 点击“下视辅助照明”右侧的“自动”按钮

步骤 02 执行操作后，在弹出的列表框中选择“打开”选项，即可打开无人机下视辅助照明功能，如图9-4所示。

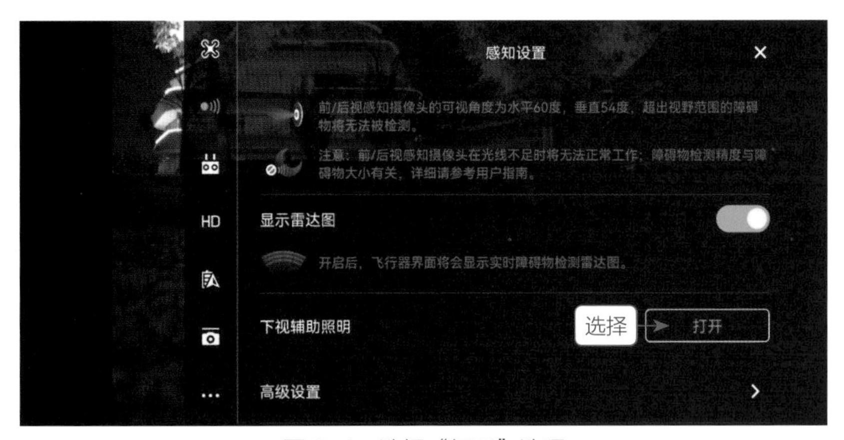

图 9-4 选择“打开”选项

9.1.3 在无人机上挂 LED 补光灯

如果你的无人机没有“下视辅助照明”功能，此时可以在无人机上挂一个LED补光灯，

通过补光灯来得到光绘效果。电商平台中有各种款式的补光灯，用户可以根据需要进行搜索、购买。

如图9-5所示，这款无人机的LED补光灯安装在无人机的上方。但是上方安装的补光灯，在拍摄时机身容易将光线挡住。

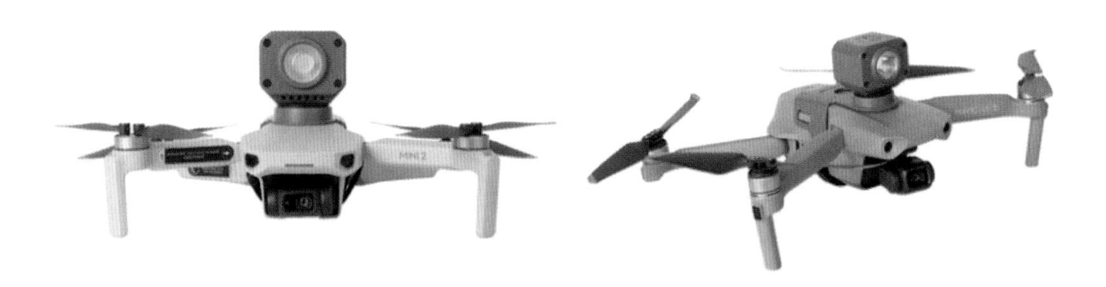

图 9-5 在无人机上挂 LED 补光灯

建议用户将补光灯固定在无人机的下方，这样拍摄出来的光绘效果会更好，光线会更强烈，如图9-6所示。

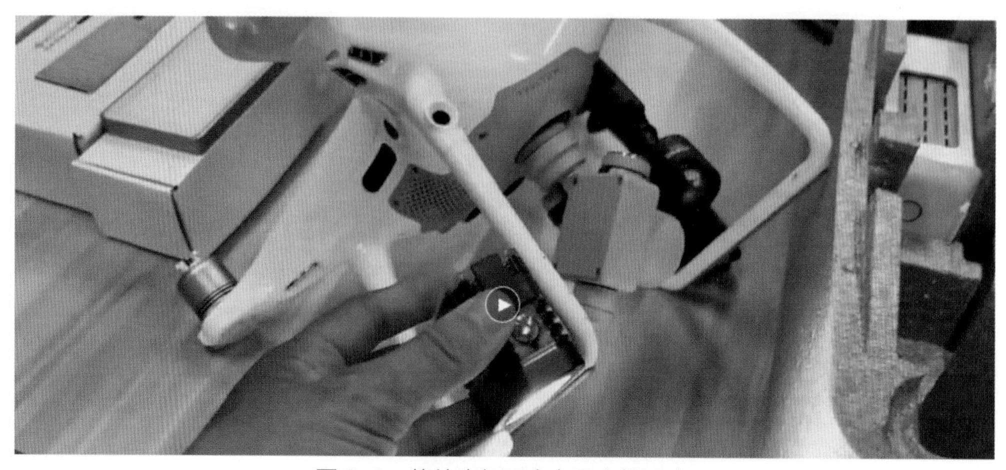

图 9-6 将补光灯固定在无人机下方

9.1.4 建议使用广角镜头拍摄

当无人机在天上飞行的时候，我们架好三脚架，使用相机对准无人机飞行的方向进行拍摄。建议用户使用广角镜头拍摄无人机光绘作品，这样可以容纳的场景会更广，能拍摄到的内容更多。可以使用索尼16-35mm F2.8、佳能16-35mm F2.8、尼康14-24mm F2.8的广角镜头，如图9-7所示。使用变焦镜头方便用户根据无人机离自己的远近来调整焦段。

图 9-7　广角镜头

9.2 快门光圈：使用相机拍摄无人机光绘

上一节讲解了拍摄无人机光绘需要注意的事项，下面我们开始学习用相机拍摄无人机光绘的操作方法，希望读者能够熟练掌握本节的内容。

9.2.1 使用兴趣点环绕模式进行飞行

首先开启无人机，然后使用兴趣点环绕模式进行飞行，具体操作步骤如下。

步骤 01 将无人机飞行到人物的上方，然后拨动“云台俯仰”拨轮，实时调节云台的俯仰角度到垂直90°，朝下对准人物目标，如图9-8所示。

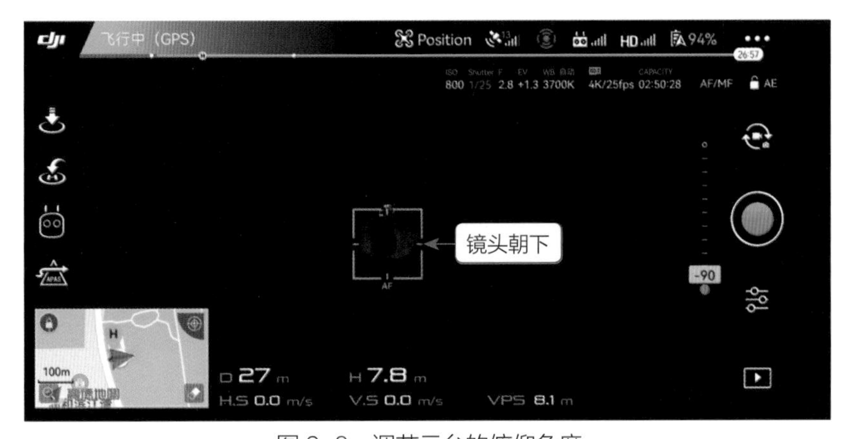

图 9-8　调节云台的俯仰角度

步骤 02 点击左侧的“智能模式”按钮，在弹出的界面中点击“兴趣点环绕”按钮，进入“兴趣点环绕”拍摄模式。按下遥控器背面的C1键，记录兴趣点，如图9-9所示。

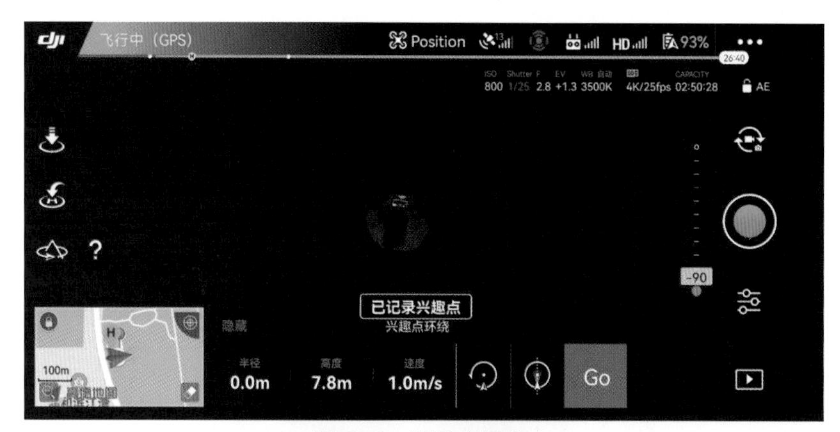

图 9-9 记录兴趣点

步骤 03 选择“速度”选项，调节无人机的飞行速度为3.9m/s，如图9-10所示。

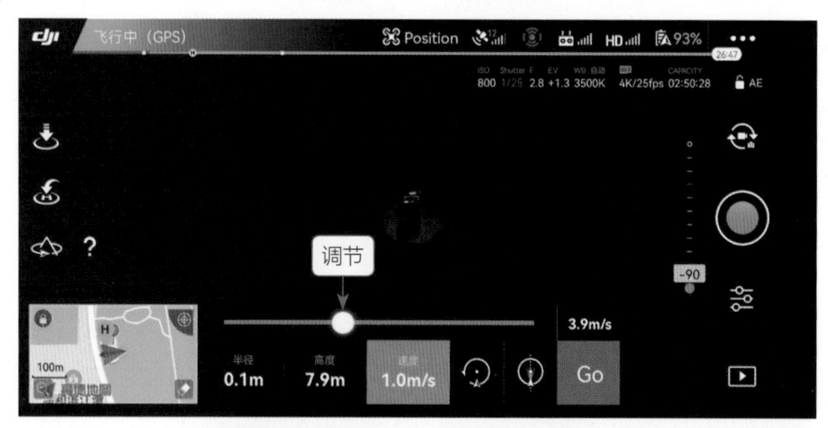

图 9-10 调节无人机的飞行速度

步骤 04 将右摇杆缓慢往下推，无人机即可向后倒退飞行，待“半径”参数显示为5.0m的时候，停止倒退操作，然后点击绿色的GO按钮，如图9-11所示。执行操作后，无人机将围绕人物目标进行360° 环绕飞行。

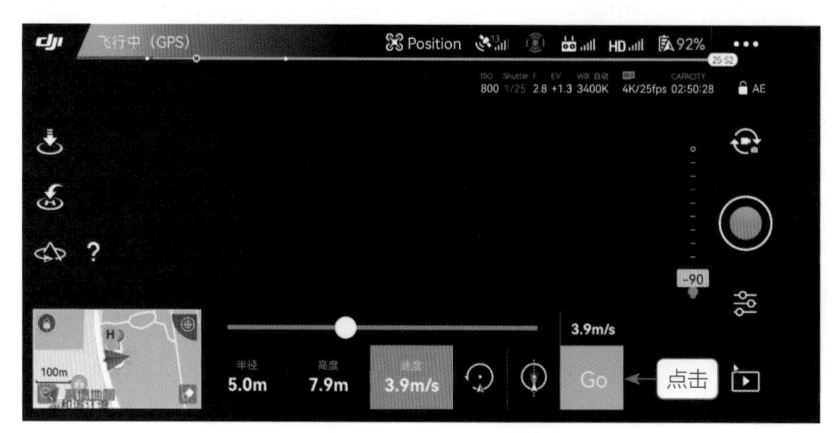

图 9-11 设置无人机围绕人物目标环绕飞行

9.2.2 设置 ISO、快门和光圈参数

无人机调节完成后，接下来开始调节相机的曝光参数。首先将相机架在三脚架上，对准无人机飞行的方向，查看无人机是否在相机拍摄界面中，然后设置ISO、快门和光圈等参数。下面以尼康D850相机为例，讲解曝光参数值的设置方法与流程。

按下相机左上角的MENU(菜单)按钮，如图9-12所示。进入“照片拍摄菜单”界面，通过上下方向键选择“ISO感光度设定”选项，如图9-13所示。

图 9-12　按下 MENU(菜单) 按钮

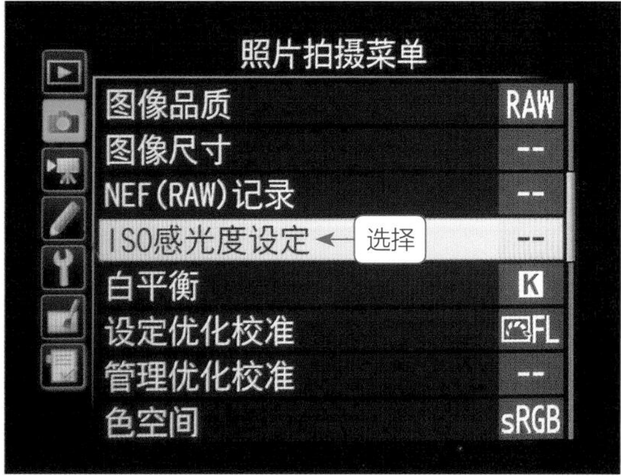

图 9-13　选择“ISO 感光度设定”选项

按下OK按钮，进入“ISO感光度设定”界面，选择“ISO感光度”选项并确认，如图9-14所示。弹出“ISO感光度”列表框，通过上下方向键，选择64的感光度参数值，如图9-15所示。按下OK按钮确认，即可完成ISO感光度的设置。

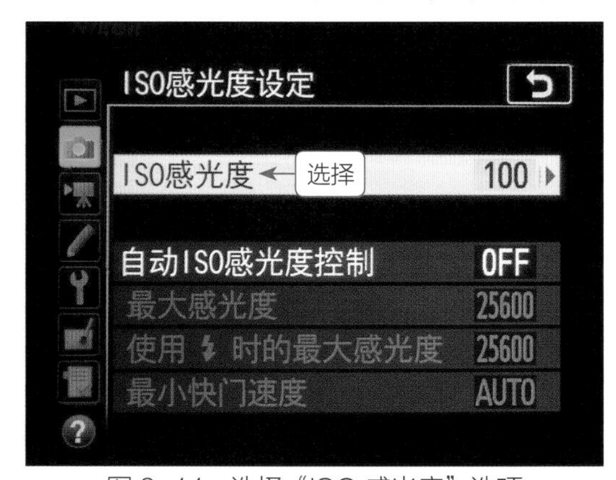

图 9-14　选择“ISO 感光度”选项

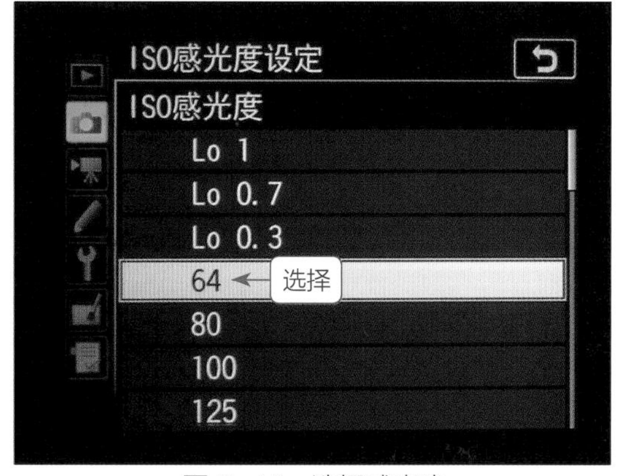

图 9-15　选择感光度

按下相机右侧的info(参数设置)按钮，如图9-16所示。进入相机参数设置界面，拨动相机前置的“主指令拨盘”，将快门参数调整到15秒，即可完成快门参数的设置，如图9-17所示。

图 9-16 按下 info(参数设置) 按钮

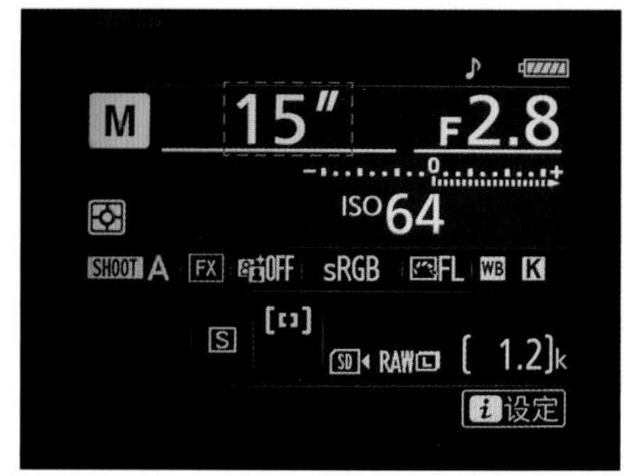

图 9-17 调整快门参数

我们在实际拍摄过程中，可以根据当时环境光线的情况来设置ISO、快门，以及光圈的参数，使之得到一个正确的曝光效果。

拨动相机后置的“副指令拨盘”，将光圈参数调至F/8，即可完成光圈参数的设置，如图9-18所示。

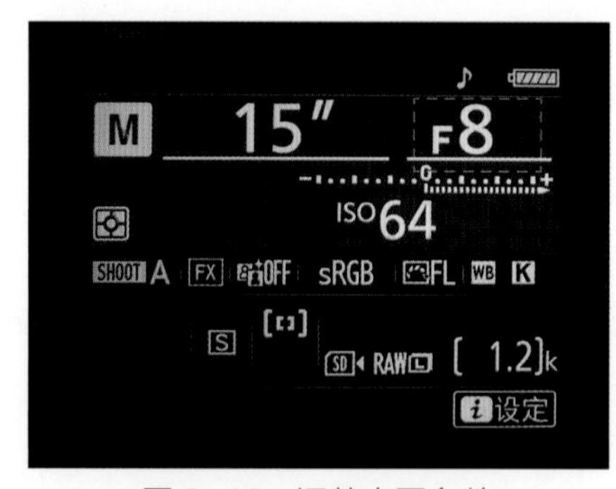

图 9-18 调整光圈参数

9.2.3 相机拍摄的无人机光绘效果

相机曝光参数设置完成后，按下相机上的拍摄键，即可开始拍摄无人机光绘作品，待15秒结束后，可以查看相机拍摄的光绘效果，如图9-19所示。

根据图9-19拍摄的光绘效果来看，近处比较粗的光线是因为无人机飞得离相机近，而远处比较细的光线是因为无人机飞得比较远。由于机身将下视辅助照明灯遮挡了一部分，所以光线没有那么强烈。

图 9-19　相机拍摄的光绘效果

9.3 功能模式：使用手机拍摄无人机光绘

上一节讲解了使用相机拍摄无人机光绘作品的方法，其实用手机也能拍出漂亮的无人机光绘效果。本节主要讲解使用手机拍摄无人机光绘的方法，希望读者能够熟练掌握本节内容与相关拍摄技巧。

9.3.1 “流光快门”功能

以华为P40手机为例，讲解使用“流光快门”模式拍摄无人机光绘的操作方法，具体步骤如下。

步骤 01 打开“相机”App程序，进入“拍照”界面，选择“更多”选项，如图9-20所示。

步骤 02 进入“更多”功能界面，点击“流光快门”按钮，如图9-21所示。

步骤 03 进入“流光快门”功能界面，点击“光绘涂鸦”图标，如图9-22所示，即可打开手机中的“光绘涂鸦”功能。

图 9-20 选择“更多”选项

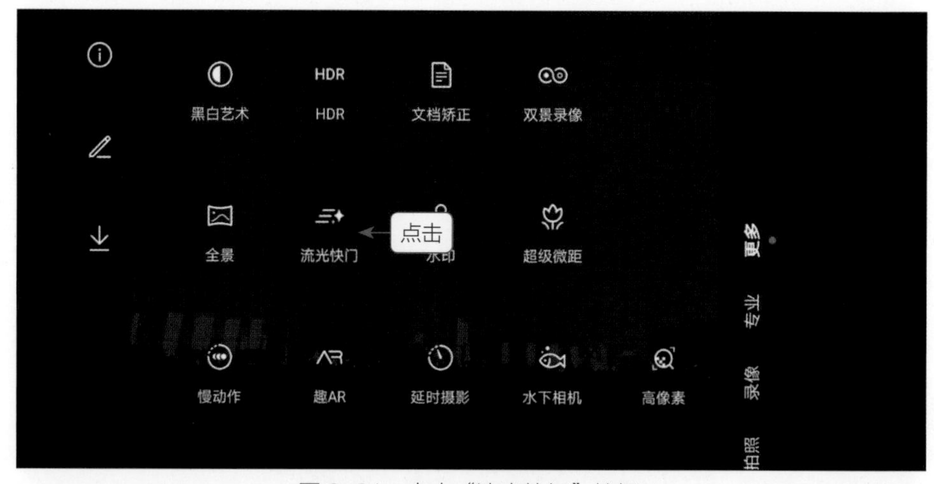

图 9-21 点击“流光快门”按钮

图 9-22 点击“光绘涂鸦”图标

9.3.2 “光绘涂鸦”拍摄模式

下面介绍使用“流光快门”中的“光绘涂鸦”模式拍摄无人机光绘的操作方法。

步骤 01 进入“光绘涂鸦”界面，点击右侧的拍摄键■，即可开始拍摄，如图9-23所示。

图 9-23 拍摄无人机光绘

步骤 02 在拍摄过程中，相机界面会记录光绘的形成路径，待拍摄完成后点击停止键■，即可停止拍摄。预览手机拍摄的无人机光绘效果，如图9-24所示。

图 9-24 预览手机拍摄的无人机光绘效果

【延时摄影】

第10章

自由延时：航拍固定与运动延时

自由延时一般是拍固定机位所使用的模式，由于无人机在空中受气流的影响，为了保持姿态稳定，它会有些许的上下左右移动，这个位移对于近处物体的拍摄效果会产生很大影响，对于又高又远的大景物效果会好一点。

本章主要讲解在运用“自由延时”模式航拍时，固定延时与运动延时的操作方法。

10.1 固定延时：航拍立交桥车流

固定延时摄影是指将无人机停留在某个位置来拍摄延时视频，如果无人机是固定的，只是画面中的景物在运动，这就是我们所说的固定延时，同时它也是拍得最多的一种延时效果。本节主要介绍固定延时的相关技术内容。

10.1.1 设置航拍的曝光参数

在拍摄固定延时视频之前，需要先设置航拍的曝光参数。要想从无人机航拍摄影新手晋升为高手，必须掌握无人机的4种曝光模式，即全自动模式、光圈优先模式、快门优先模式，以及手动模式等，下面进行简单介绍。

全自动模式(AUTO档)，就是无人机的拍摄曝光工作全由镜头内部芯片进行全自动处理，作为拍摄者只需要按下拍摄键即可。在自动模式下，可以手动设置ISO参数，无人机会根据设置的ISO参数来匹配合适的光圈和快门参数，使画面产生正常的曝光效果。

光圈优先模式(A档)，由拍摄者首先设定一个光圈的固定值，经过测光后由相机自动计算出快门与ISO这两个变量的值。对于白天拍摄的延时视频来说，光圈优先模式是最常用的拍摄模式。

快门优先模式(S档)，拍摄者可以先确定好合适的快门速度，然后再由相机来选择与这个快门速度匹配的光圈与ISO值。这种模式适合拍摄运动的物体，比如城市车流夜景等。

手动模式(M档)，拍摄者可以针对不同的拍摄环境，自由设置光圈值、快门速度、感光度等参数。该模式非常适合经验丰富的摄影爱好者，可以创作更多独特的美丽画面。

下面介绍通过手动模式设置曝光参数的操作方法。开启无人机与遥控设备，打开DJI GO 4 App，进入飞行界面，点击右侧的“调整”按钮，如图10-1所示。

图 10-1　点击“调整”按钮

进入ISO、光圈和快门设置界面，如图10-2所示。界面中包含4种拍摄模式，分别为自动模式(AUTO档)、光圈优先模式(A档)、快门优先模式(S档)、手动模式(M档)。

图 10-2　ISO、光圈和快门设置界面

点击M按钮，即可切换至手动模式，在其中可以根据当时的拍摄环境手动设置照片的感光度、光圈与快门参数。这里设置ISO为100、“光圈”为2.8、“快门”为1/25s，如图10-3所示。

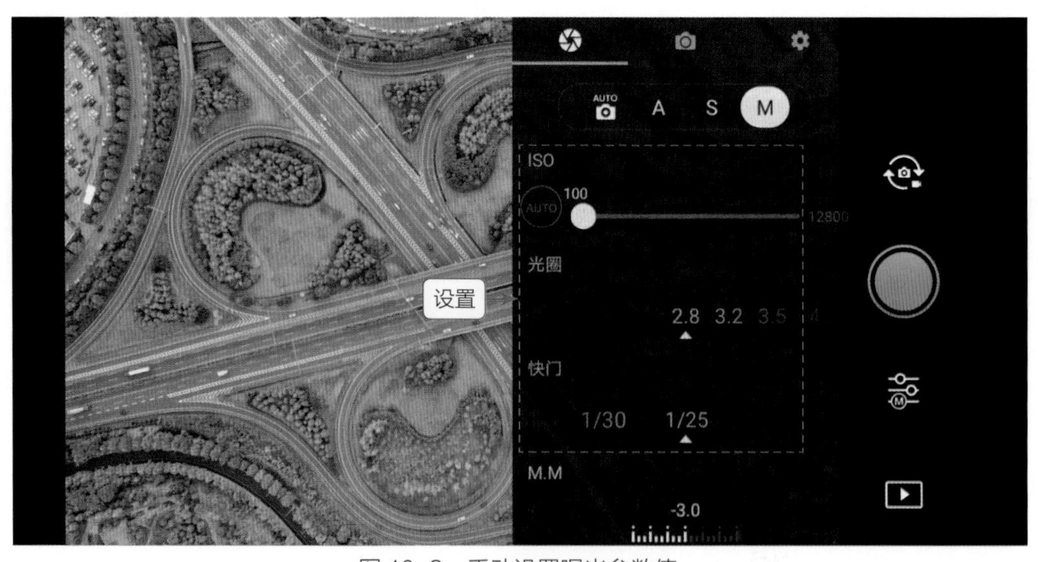

图 10-3　手动设置曝光参数值

10.1.2 保存为 RAW 原片格式

在航拍延时的过程中，我们一定要保存延时摄影的原片，否则相机在拍摄完成后，只能合

成一个1080p的延时视频，这个像素是满足不了我们的需求的，只有保存了原片，后期的调整空间才会更大，制作出来的延时效果才会更好看。

下面介绍保存RAW原片的操作方法，打开DJI GO 4 App飞行界面，❶点击右侧的“调整”按钮，进入相机调整界面；❷点击右上方的“设置”按钮，进入相机设置界面，如图10-4所示。

图 10-4 进入相机设置界面

依旧在相机调整界面，❶点击“保存延时摄影原片”右侧的开关按钮，打开该功能；❷在下方点击RAW格式，如图10-5所示，即可完成RAW原片的设置。拍摄完成的RAW原片可以在Photoshop或Lightroom软件中进行批量调色与处理，使视频画面的效果更加符合用户的需求，后期处理空间更大。

图 10-5 RAW 原片设置

10.1.3 设置拍摄间隔时间

当我们设置好航拍的曝光参数与RAW保存格式后，接下来即可设置固定延时视频的拍摄间隔时间。一般情况下，默认设置为2秒，具体操作步骤如下。

步骤 01 在DJI GO 4 App飞行界面中，点击左侧的“智能模式”按钮，如图10-6所示。

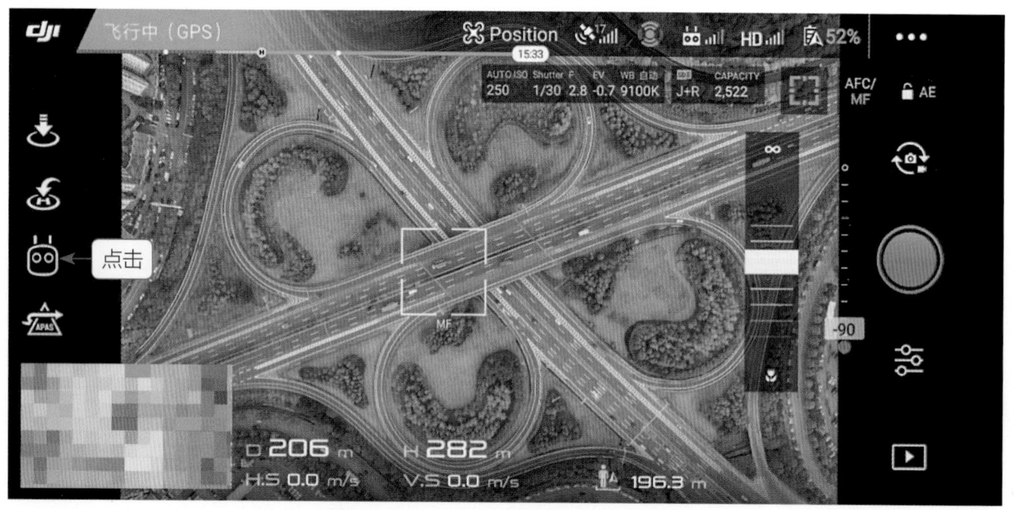

图 10-6 点击“智能模式”按钮

步骤 02 执行操作后，在弹出的界面中点击“延时摄影”按钮，如图10-7所示。

图 10-7 点击“延时摄影”按钮

步骤 03 进入“延时摄影”拍摄模式，在下方点击“自由延时”按钮，如图10-8所示。

步骤 04 弹出信息提示框，提示用户在此模式下可以自由控制飞行方向和云台角度，点击“好的”按钮，如图10-9所示。

步骤 05 进入“自由延时”拍摄模式，下方显示了“拍摄间隔”为2s，如图10-10所示。选择“拍摄间隔”选项，在弹出的面板中也可以重新设置间隔时间。

图 10-8　点击“自由延时”按钮

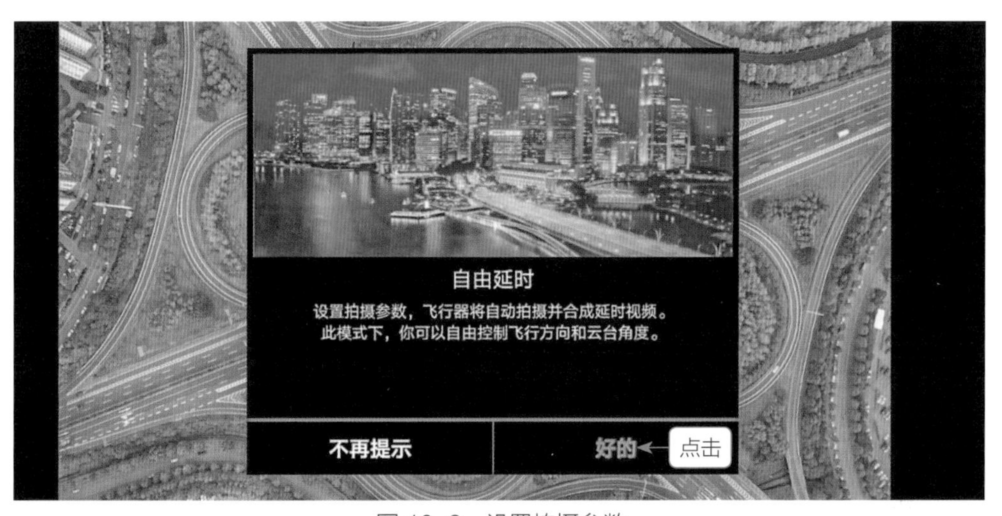

图 10-9　设置拍摄参数

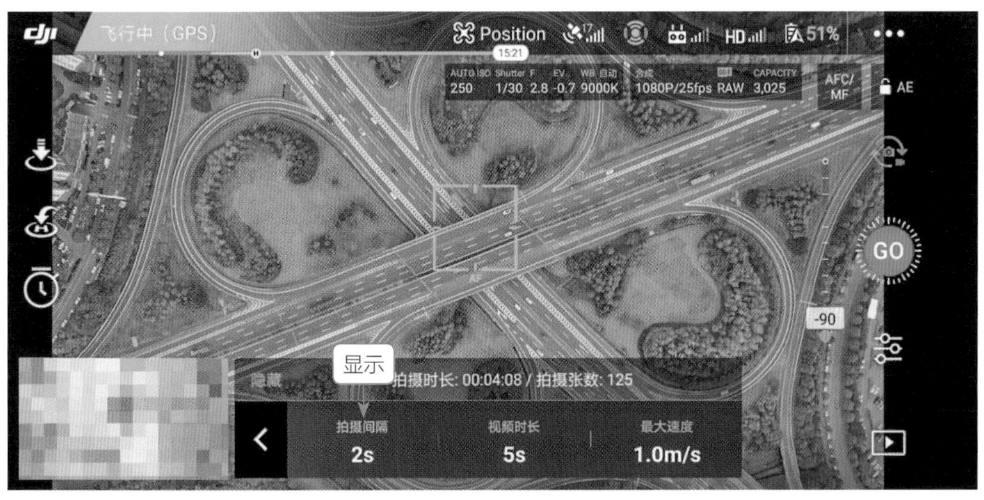

图 10-10　设置拍摄间隔

10.1.4 设置延时视频时长

设置好拍摄间隔时间后，接下来可以设置延时视频的时长，有5s、8s、10s、12s等时长可以选择。用户只需要在“自由延时”拍摄模式下，选择“视频时长”选项，在弹出的面板中选择相应的视频时长即可，如图10-11所示。

图 10-11 选择视频时长

10.1.5 航拍固定延时视频

设置好一系列的拍摄选项后，接下来即可拍摄固定延时视频，具体操作步骤如下。

步骤 01 在飞行界面中，点击画面进行对焦，出现对焦框，如图10-12所示。

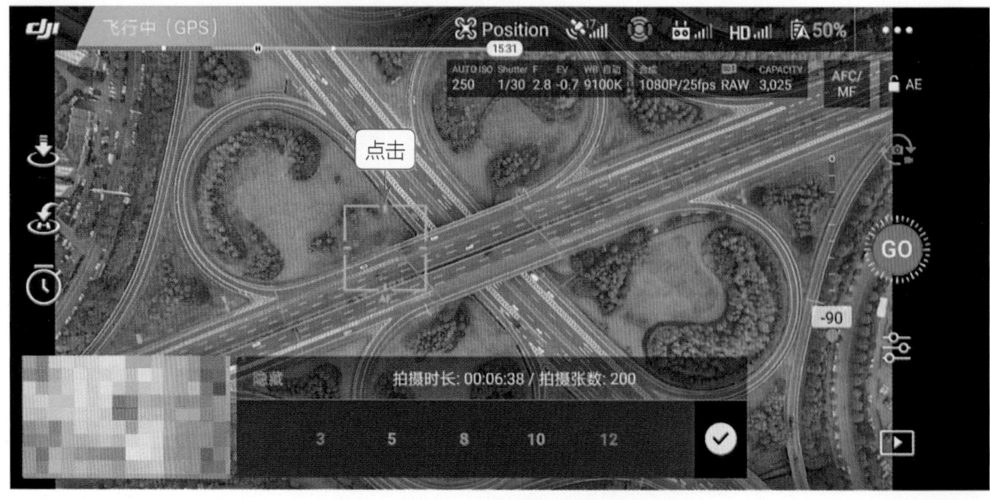

图 10-12 点击画面进行对焦

步骤 02 点击右侧的红色GO按钮，即可开始拍摄固定延时视频，下方显示了拍摄时长和拍

摄张数等信息，如图10-13所示。

图 10-13 拍摄固定延时视频

步骤 03 拍摄完成后，下方显示“正在合成视频”提示信息，如图10-14所示。

图 10-14 显示“正在合成视频”提示信息

步骤 04 待视频自动合成后，即可预览固定延时视频效果，如图10-15所示。在内存卡中还有一份RAW格式的原片，用户可以在电脑中用Premiere进行更加精细的后期处理。

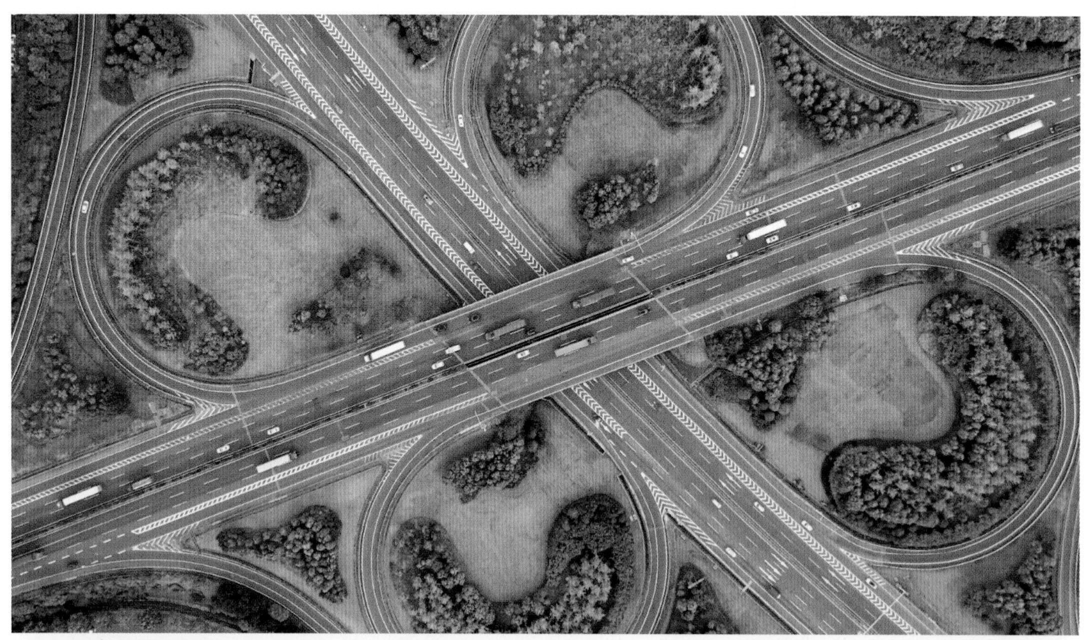

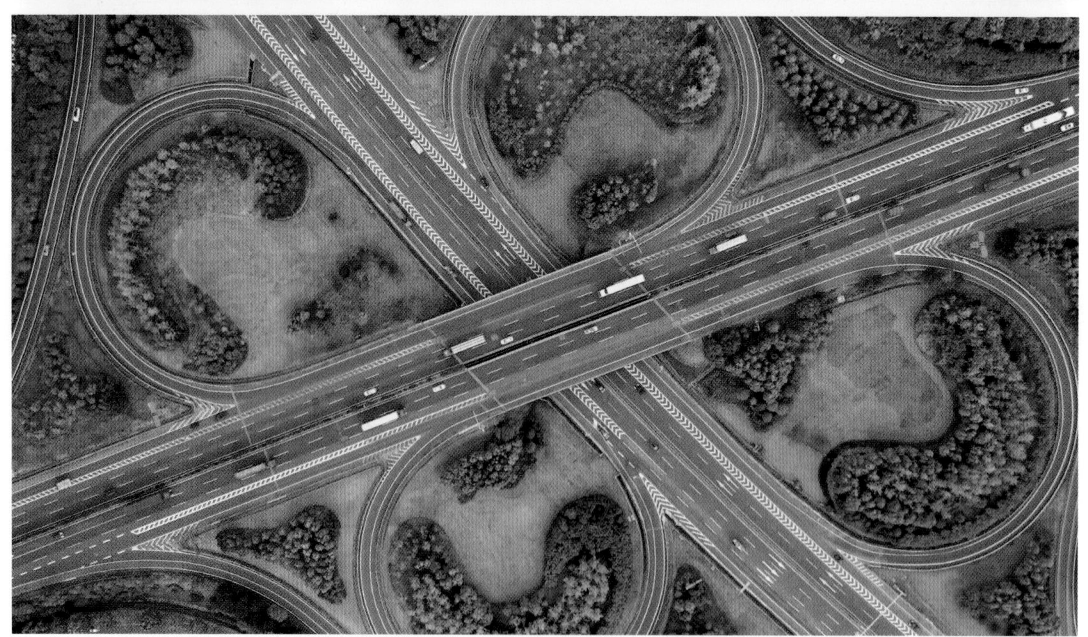

图 10-15 预览固定延时视频效果

10.2 运动延时：航拍城市十字路口

在“自由延时”模式下，用户可以手动控制无人机的飞行方向、朝向、高度和摄像头俯仰。大疆的御Mavic 2无人机厉害的地方，就是加入了类似汽车定速巡航的功能，用户按遥控器背后的C1或C2键，可以记录当前的方向和速度，然后以记录的杆量继续飞行。通过这种定速巡航的方法，可以拍摄出运动延时视频效果。

10.2.1 设置拍摄间隔时间

下面介绍进入“自由延时”模式设置拍摄间隔时间的操作方法，具体步骤如下。

步骤 01 首先对画面进行构图取景，预测无人机接下来的飞行方向和飞行速度，然后点击左侧的“智能模式”按钮，如图10-16所示。

图 10-16 点击“智能模式”按钮

步骤 02 执行操作后，在弹出的界面中点击“延时摄影”按钮，如图10-17所示。

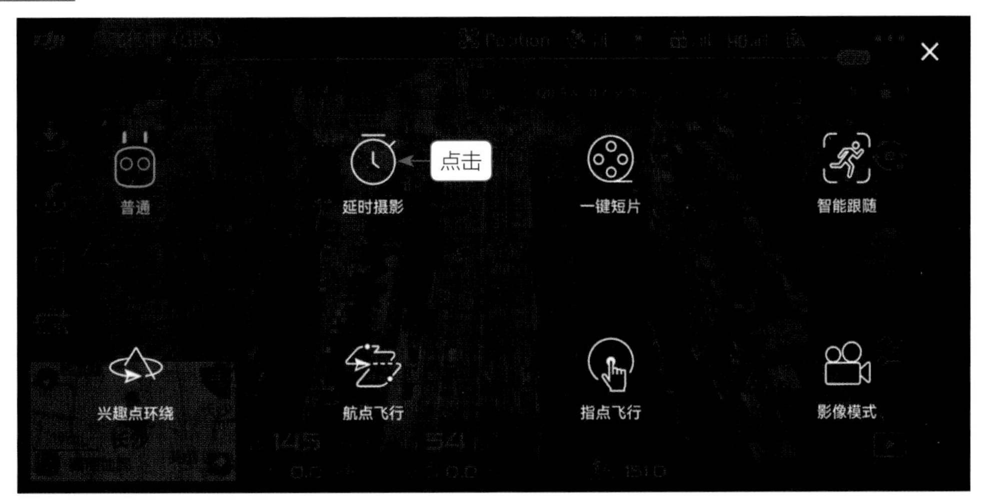

图 10-17 点击“延时摄影”按钮

步骤 03 进入“延时摄影”拍摄模式，在下方点击“自由延时”按钮，如图10-18所示。

步骤 04 进入“自由延时”拍摄模式，选择“拍摄间隔”选项，如图10-19所示。

步骤 05 在弹出的面板中，可以重新设置间隔拍摄的时间，如图10-20所示。

图 10-18 点击“自由延时”按钮

图 10-19 选择“拍摄间隔”选项

图 10-20 重新设置间隔拍摄的时间

10.2.2 设置延时视频时长

设置好拍摄间隔时间后，接下来要设置延时视频时长，具体操作步骤如下。

步骤 01 在“自由延时”模式下，选择“视频时长”选项，如图10-21所示。

图 10-21 选择“视频时长”选项

步骤 02 弹出相应面板，其中显示了可以选择的视频时长，如图10-22所示。

图 10-22 显示了可以选择的视频时长

步骤 03 向左或向右滑动时间条，即可选择所要拍摄的视频时长，如图10-23所示。再次滑动时间条，这里笔者以5s的视频时长为例进行讲解。

专家提醒

在电量比较充足的情况下，我们在拍摄延时视频的时候，拍摄时间尽量选择10s以上，这样拍摄时间比较长，合成后的延时视频效果更好。

图 10-23　选择所要拍摄的视频时长

10.2.3　设置最大飞行速度

设置好视频时长后，接下来设置无人机的飞行速度，具体操作步骤如下。

步骤 01 在“自由延时”模式下，选择“最大速度”选项，如图10-24所示。

图 10-24　选择“最大速度”选项

步骤 02 弹出相应面板，滑动速度条设置1.8m/s的速度，点击✅按钮，如图10-25所示。

图 10-25　滑动速度条设置速度

步骤 03 执行操作后，即可设置无人机的飞行速度为1.8m/s，如图10-26所示。

图10-26　设置无人机的飞行速度

10.2.4　开启定速巡航

接下来开始拍摄延时视频，通过C1键可以开启无人机的定速巡航功能，让无人机自动向前飞行，下面介绍具体操作方法。

步骤 01 点击右侧的红色GO按钮，即可开始拍摄运动延时视频，一边拍摄，一边将右侧的摇杆缓慢往上推，打杆的速度要均匀，无人机即可一直向前飞行，如图10-27所示。

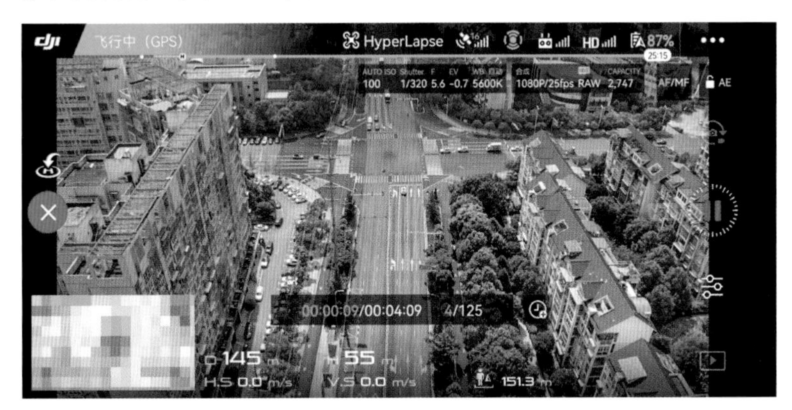

图10-27　无人机一直向前飞行

步骤 02 稍后，界面中提示按下C1或C2键，飞机将进入定速巡航模式，如图10-28所示。

图 10-28　进入定速巡航模式提示信息

步骤 03 此时，按下遥控器背面的C1键，无人机即可进入定速巡航拍摄状态，界面左上角会有相关提示信息，如图10-29所示。

图 10-29　进入定速巡航拍摄状态

步骤 04 拍摄完成后，下方显示“正在合成视频”提示信息，如图10-30所示。

图 10-30　显示“正在合成视频”提示信息

10.2.5 预览拍摄的运动延时视频

延时视频拍摄完成后，在飞行界面中可以即时查看拍摄的视频效果，具体操作步骤如下。

步骤 01 在飞行界面中，点击右下角的▶按钮，如图10-31所示。

图 10-31 点击右下角的按钮

步骤 02 进入“SD卡”界面，点击刚才拍摄完成的延时视频缩略图，如图10-32所示。

图 10-32 点击延时视频缩略图

步骤 03 弹出下载文件界面，显示下载进度，如图10-33所示。

图 10-33 显示下载进度

步骤 04 稍等片刻，单击“播放”按钮，即可自动播放下载的延时视频，效果如图10-34所示。

图 10-34　自动播放下载的延时视频

第11章

环绕延时：航拍逆时针与顺时针延时

环绕延时是大疆御Mavic 2型无人机特有的功能，强大的处理器和算法，使无人机可以自动根据框选的目标计算环绕中心点和环绕半径，用户可以选择顺时针或者逆时针航拍环绕延时视频。

本章主要介绍环绕延时视频的航拍技巧。

11.1 逆时针延时：航拍杜甫江阁古建筑

在环绕延时摄影中，包含两种环绕方式，一种是逆时针环绕，另一种是顺时针环绕。采用环绕延时方式拍摄在选择目标对象时，尽量选择视觉上没有明显变化的物体对象，或者在整段延时拍摄过程中不会有遮挡的物体，这样就能保证航拍延时不会受到兴趣点无法追踪的影响而导致失败。本节主要讲解逆时针环绕航拍杜甫江阁古建筑的操作方法。

11.1.1 对画面进行构图取景

在拍摄环绕延时视频之前，首先需要对画面进行构图取景。这里笔者拍摄的是长沙湘江边上的杜甫江阁夜景，围绕杜甫江阁进行360° 环绕拍摄。我们将杜甫江阁古建筑放在画面的中心位置，使主体更加突出，更能聚焦观众的视线，如图11-1所示。

图 11-1 对画面进行构图取景

专家提醒

入夜后，当建筑物打开灯光时，会影响无人机的目标追踪功能，从而导致拍摄的效果不太理想。在这种情况下，拍摄者可多拍几次，尝试不同的角度，当掌握一定的技巧后，就能拍出满意的环绕延时视频作品了。

11.1.2 设置拍摄间隔

拍摄延时视频时，用户可根据需要设置拍摄的间隔，间隔时间越长，延时视频中物体的变化就越快。下面介绍进入“延时摄影”模式设置延时拍摄间隔的操作方法，具体步骤如下。

步骤 01 在DJI GO 4 App界面中，点击左侧的“智能模式”按钮，在弹出的界面中点击“延时摄影”按钮，如图11-2所示。

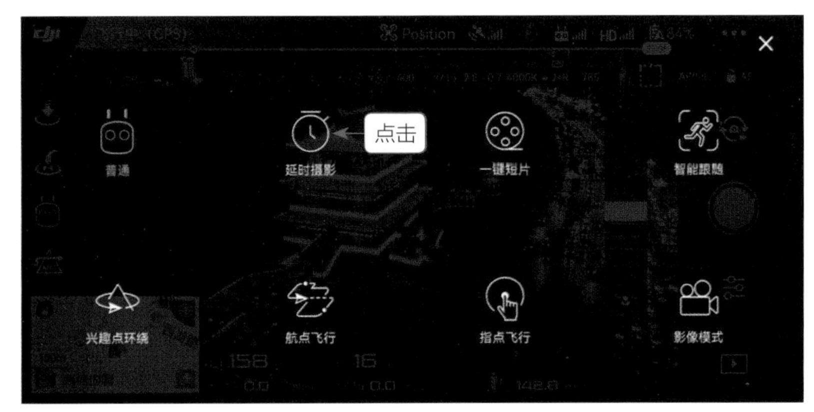

图 11-2 点击“延时摄影”按钮

步骤 02 进入“延时摄影”拍摄模式，在下方点击“环绕延时”按钮，如图11-3所示。

图 11-3 点击“环绕延时”按钮

步骤 03 弹出信息提示框，提示用户飞行器将以目标为中心自动拍摄并合成延时视频，点击“好的”按钮，如图11-4所示。

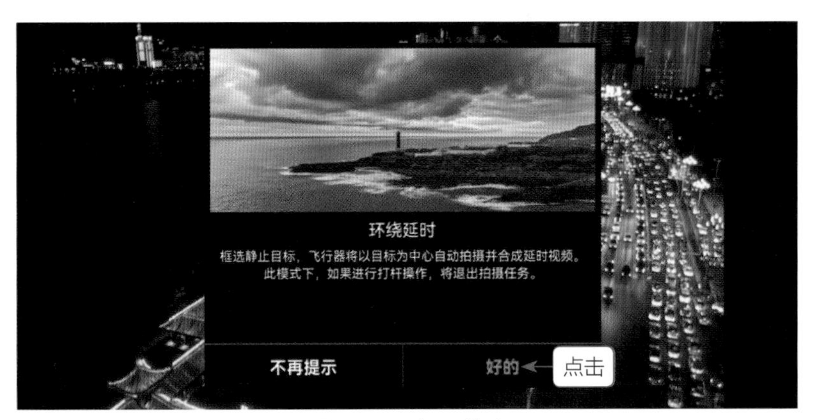

图 11-4 提示信息

步骤 04 进入“环绕延时”拍摄模式，下方显示了“拍摄间隔”为2s，如图11-5所示。本例以2s为例进行讲解，用户也可以选择“拍摄间隔”选项，重新设置间隔时间。

图 11-5　显示拍摄间隔

11.1.3 设置视频时长

下面以设置10s的延时视频为例，讲解设置视频时长的操作方法，具体步骤如下。

步骤 01 在“环绕延时”拍摄模式下，选择“视频时长”选项，在弹出的面板中设置时长为10s，如图11-6所示。

图 11-6　设置视频时长

步骤 02 点击右侧的按钮，返回设置界面，显示“视频时长”为10s，如图11-7所示。

图 11-7　显示视频时长

11.1.4 框选目标设置飞行速度

下面介绍框选环绕目标并设置无人机飞行速度的方法，具体操作步骤如下。

步骤 01 在屏幕中用食指拖曳框选目标，被框选的区域呈浅绿色显示，如图11-8所示。

图 11-8 拖曳框选目标

步骤 02 稍等片刻，框选的区域上方会显示一个GO按钮，如图11-9所示。

图 11-9 显示 GO 按钮

步骤 03 在“环绕延时”模式下，选择“速度”选项。在弹出的面板中，滑动速度条可以设置环绕飞行的速度，默认为0.5m/s(本例以0.5m/s的飞行速度为读者进行讲解)，点击☑按钮，如图11-10所示。

专家提醒

当我们设置环绕延时的飞行速度时，不建议选择太快的速度，在0.5~1.0m/s即可。如果飞行速度太快，那画面旋转也会比较快，会影响观看体验。

图 11-10　设置环绕飞行的速度

11.1.5　逆时针环绕建筑飞行

各飞行参数设置完成后，接下来开始进行逆时针环绕飞行，具体操作步骤如下。

步骤 01 在屏幕右下角显示了“逆时针”按钮，表示可进行逆时针飞行，如图11-11所示。

图 11-11　显示“逆时针”按钮

步骤 02 点击屏幕中的GO按钮，无人机开始测算目标位置，如图11-12所示。

图 11-12　无人机测算目标位置

步骤 03 测算完成后，无人机开始执行环绕飞行任务，如图11-13所示。

图 11-13 无人机执行环绕飞行任务

步骤 04 无人机将围绕设定的目标逆时针飞行，自动拍摄环绕延时视频，如图11-14所示。

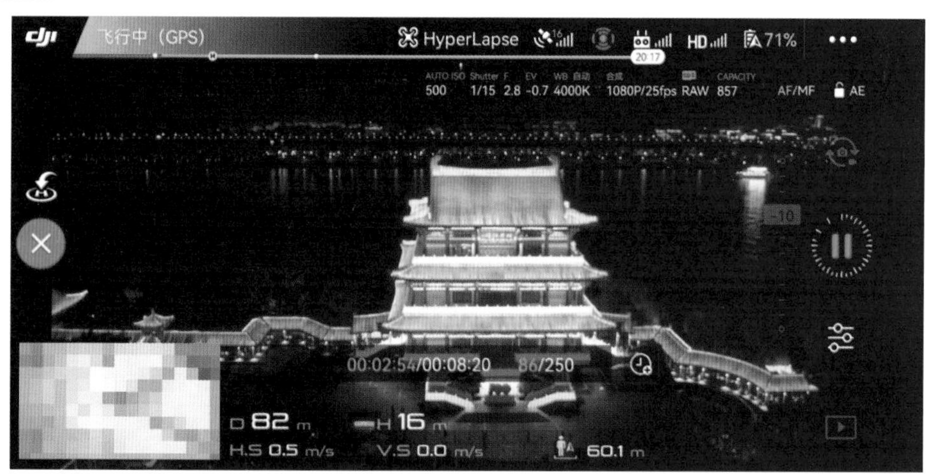

图 11-14 自动拍摄环绕延时视频

步骤 05 待拍摄完成后，可预览拍摄的逆时针环绕延时视频效果，如图11-15所示。

图 11-15 预览拍摄的逆时针环绕延时视频效果

11.2 顺时针延时：航拍科技大厦建筑

上一节讲解了逆时针环绕延时拍摄古建筑的技巧，本节讲解顺时针环绕延时拍摄城市建筑的方法，希望大家能够熟练掌握。

11.2.1 对画面进行构图取景

在拍摄顺时针环绕延时视频之前，首先需要对画面进行构图取景。这里以长沙科技大厦城市建筑的拍摄为例，围绕科技大厦进行360° 环绕拍摄。取景时，将建筑放在画面的中心位置，使主体更加突出，如图11-16所示。

图 11-16 对画面进行构图取景

11.2.2 设置拍摄间隔与时长

下面介绍设置延时视频拍摄间隔与视频时长的操作方法，具体步骤如下。

步骤 01 在DJI GO 4 App界面中，点击左侧的“智能模式”按钮，在弹出的界面中点击“延时摄影”按钮，如图11-17所示。

图 11-17 点击“延时摄影”按钮

步骤 02 进入“延时摄影”拍摄模式，在下方点击“环绕延时”按钮，如图11-18所示。

图 11-18 点击“环绕延时”按钮

步骤 03 进入“环绕延时”拍摄模式，下方显示了“拍摄间隔”为2s，这个参数不改，选择“视频时长”选项，如图11-19所示。

图 11-19 选择“视频时长”选项

步骤 04 执行操作后，在弹出的面板中设置视频时长为12s，如图11-20所示。

图 11-20 设置视频时长

步骤 05 点击右侧的☑按钮，确认操作，即可调整视频的拍摄时长。

11.2.3 设置飞行速度与环绕方式

下面介绍设置环绕的飞行速度，然后设置顺时针环绕的方式，具体操作步骤如下。

步骤 01 在“环绕延时”模式下，选择“速度”选项，如图11-21所示。

图 11-21　选择“速度”选项

步骤 02 弹出相应面板，滑动速度条设置环绕飞行的速度为1.0m/s，如图11-22所示。

图 11-22　设置环绕飞行的速度

步骤 03 点击☑按钮，即可完成设置。点击右侧的“逆时针”按钮，即可将环绕方式更改为“顺时针”，如图11-23所示。

图 11-23　将环绕方式更改为“顺时针”

11.2.4 顺时针环绕大厦飞行

设置好拍摄参数后，接下来框选主体目标，然后围绕目标进行360° 的环绕拍摄。

步骤 01 在屏幕中用食指拖曳框选目标，被框选的区域呈浅绿色显示，如图11-24所示。

图 11-24　拖曳框选目标

步骤 02 点击右侧的红色GO按钮，无人机开始测算目标位置，如图11-25所示。

图 11-25　无人机测算目标位置

步骤 03 测算完成后，无人机开始执行顺时针环绕飞行任务，如图11-26所示。

图 11-26　执行顺时针环绕飞行任务

步骤 04 无人机将围绕设定的目标顺时针飞行，自动拍摄环绕延时视频，待拍摄完成后，可预览拍摄的顺时针环绕延时视频效果，如图11-27所示。

图 11-27 预览拍摄的顺时针环绕延时视频效果

第12章

定向延时：航拍向前与甩尾延时

定向延时模式会根据当前无人机的朝向设定飞行方向，如果不修改无人机的镜头朝向，无人机会向前飞行；如果设定了无人机的镜头朝向，无人机将按指定航线飞行，但镜头始终对准目标对象。

本章主要讲解航拍向前延时与甩尾延时的操作方法。

12.1 向前延时：航拍高尔夫球场的日落

定向延时中的向前延时是比较简单的一种航拍方法，只需要设定无人机的飞行航线，即可自动向前飞行并拍摄延时视频。本节主要讲解航拍高尔夫球场日落的向前延时视频。

12.1.1 设置好画面的构图

在拍摄向前飞行的延时视频之前，需要先对画面进行构图取景。本例拍摄的是长沙高尔夫球场的日落夕阳风光，无人机朝日落的方向前进飞行。笔者对画面进行了三分线的构图取景，天空日落占画面上三分之一，高尔夫球场及地景建筑占画面的下三分之二，整个画面给人一种辽阔的感觉，如图12-1所示。

图 12-1　对画面进行三分线构图取景

12.1.2 设置拍摄间隔与时长

下面介绍设置向前飞行延时视频的拍摄间隔与视频时长，具体操作步骤如下。

步骤 01 在DJI GO 4 App界面中，点击左侧的“智能模式”按钮，在弹出的界面中点击“延时摄影”按钮，如图12-2所示。

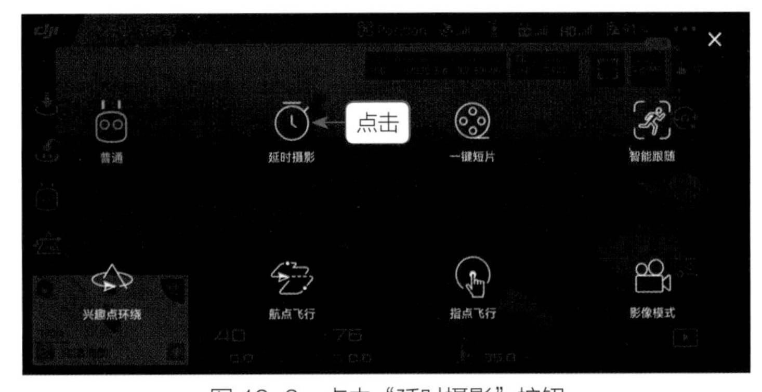

图 12-2　点击“延时摄影”按钮

步骤 02 进入“延时摄影”拍摄模式，在下方点击“定向延时”按钮，如图12-3所示。

图 12-3　点击“定向延时”按钮

步骤 03 进入“定向延时”拍摄模式，下方显示的“拍摄间隔”为2s，这个参数不改，选择“视频时长”选项，如图12-4所示。

图 12-4　选择“视频时长”选项

步骤 04 执行操作后，在弹出的面板中设置视频时长为10s，如图12-5所示。

图 12-5　设置视频时长

步骤 05 点击右侧的☑按钮，确认操作，即可调整视频的拍摄时长。

12.1.3 设置飞行速度

“速度”选项可以决定无人机向前飞行的速度，下面介绍设置无人机飞行速度的方法，具体操作步骤如下。

步骤 01 在“定向延时”模式下，选择“速度”选项，如图12-6所示。

图 12-6 选择“速度”选项

步骤 02 在弹出的面板中，滑动速度条设置无人机飞行的速度为0.8m/s，如图12-7所示。点击右侧的☑按钮，即可完成设置。

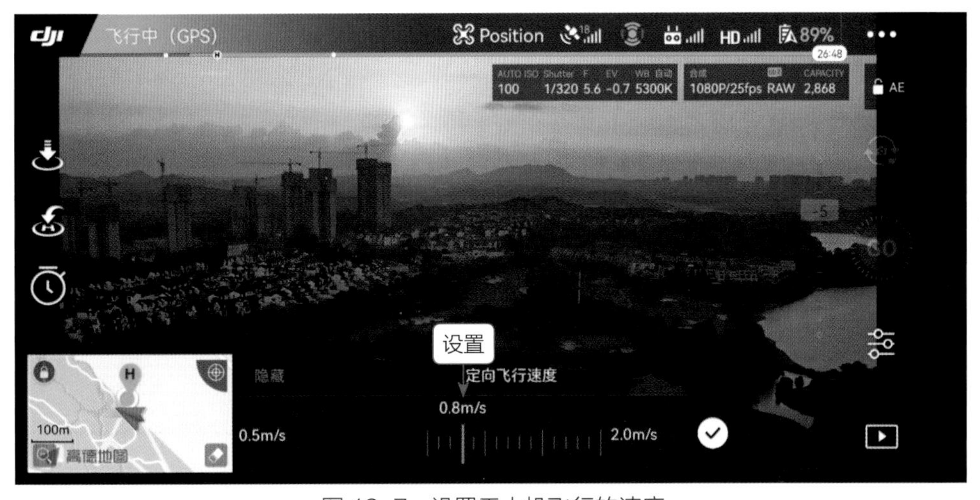

图 12-7 设置无人机飞行的速度

12.1.4 锁定无人机的飞行航向

接下来需要在界面中锁定无人机的飞行航向，使其向指定的方向前进飞行，具体操作步骤如下。

步骤 01 在"定向延时"模式下，点击"锁定航向"按钮，如图12-8所示。

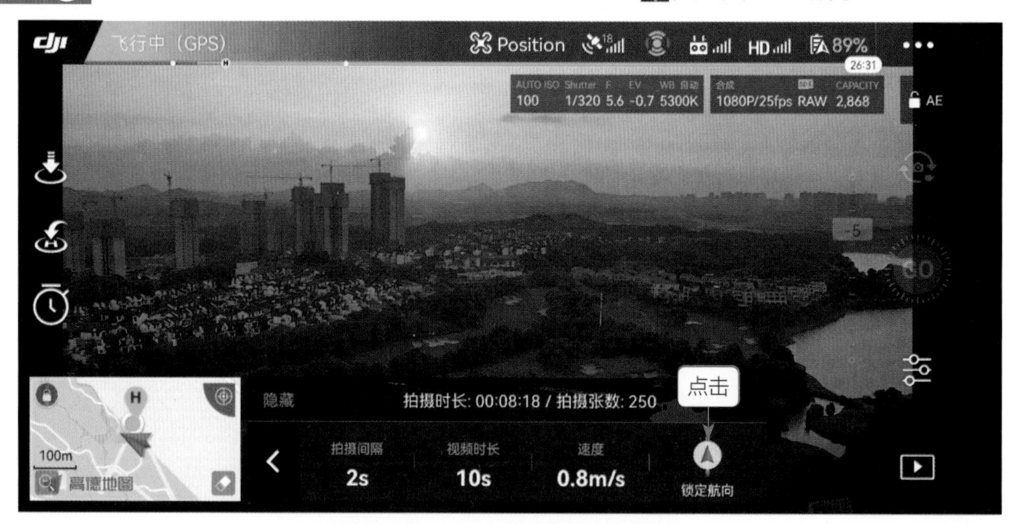

图 12-8 点击"锁定航向"按钮

步骤 02 执行操作后，即可锁定无人机的飞行方向。此时"锁定航向"按钮变成了航向缩略图，上方还显示了一个锁定的图标，如图12-9所示。

图 12-9 锁定无人机的飞行方向

12.1.5 航拍向前飞行延时视频

在"定向延时"模式下，各选项参数设置完成后，接下来即可开始拍摄向前飞行的延时视频，具体操作步骤如下。

步骤 01 在飞行界面中，点击画面进行对焦，点击右侧的红色GO按钮，即可开始拍摄向前飞行的延时视频，如图12-10所示。屏幕下方显示了拍摄时长和拍摄张数等信息。

图 12-10　拍摄向前飞行的延时视频

步骤 02 拍摄完成后，屏幕下方会显示“正在合成视频”提示信息，待视频自动合成后，即可预览向前飞行的定向延时视频效果，如图12-11所示。

图 12-11 预览向前飞行的定向延时视频效果

12.2 甩尾延时：航拍福元路大桥的车流

甩尾延时是比较流行的一种视频拍摄方式，是指无人机朝指定方向飞行，但镜头始终锁定目标，以目标主体为中心，不停地调整相机的角度，最后飞越目标后再回转镜头，这样的延时视频非常具有吸引力。本节主要讲解甩尾延时视频的拍摄技巧。

12.2.1 设置好画面的构图

在拍摄甩尾延时视频之前，首先需要对画面进行构图取景。这里笔者拍摄的是长沙福元路大桥的车流风光，无人机沿湘江岸边直线向前飞行，如图12-12所示。

图 12-12 无人机直线飞行

无人机根据航向飞行时，镜头始终以福元路大桥为目标主体，对准大桥进行拍摄，如图12-13所示。笔者对画面进行了水平线构图，天空和地景各占画面的二分之一。

图 12-13 对画面进行水平线构图

12.2.2 设置拍摄间隔与时长

甩尾延时视频的时长拍得越久，画面越具有冲击力。下面介绍如何设置甩尾延时视频的拍摄间隔与视频时长，具体操作步骤如下。

步骤 01 在DJI GO 4 App界面中，点击左侧的“智能模式”按钮，在弹出的界面中点击“延时摄影”按钮，进入“延时摄影”拍摄模式，在下方点击“定向延时”按钮，如图12-14所示。

图 12-14 点击“定向延时”按钮

步骤 02 进入“定向延时”拍摄模式，下方显示的“拍摄间隔”为2s，这个参数不改，选择“视频时长”选项，如图12-15所示。

图 12-15 选择“视频时长”选项

步骤 03 执行操作后，在弹出的面板中设置时长为15s，如图12-16所示。点击右侧的按钮确认操作，即可调整视频的拍摄时长。

图 12-16 设置视频时长

12.2.3 设置飞行速度

拍摄甩尾延时视频之前，飞行速度的设置也很关键，下面介绍具体的操作步骤。

步骤 01 在“定向延时”模式下，选择“速度”选项，如图12-17所示。

图 12-17 选择“速度”选项

步骤 02 在弹出的面板中，滑动速度条设置无人机飞行的速度为1.2m/s，如图12-18所示。点击右侧的☑按钮，即可完成设置。

图 12-18 设置无人机飞行的速度

12.2.4 锁定无人机的飞行航向

设置无人机的航向为沿湘江向前飞行，下面介绍锁定无人机飞行航向的方法，具体操作步骤如下。

步骤 01 在“定向延时”模式下，点击“锁定航向”按钮，如图12-19所示。

图 12-19 点击“锁定航向”按钮

步骤 02 执行操作后，即可锁定无人机的飞行方向。此时“锁定航向”按钮变成了航向缩略图，上方还显示了一个锁定的图标，如图12-20所示。

图 12-20 锁定无人机的飞行方向

12.2.5 锁定无人机的拍摄目标

设置好无人机的飞行航向后，接下来要锁定无人机的拍摄目标，这里锁定的是福元路大桥，具体操作步骤如下。

步骤 01 旋转无人机的方向，将镜头对准目标建筑福元路大桥，如图12-21所示。

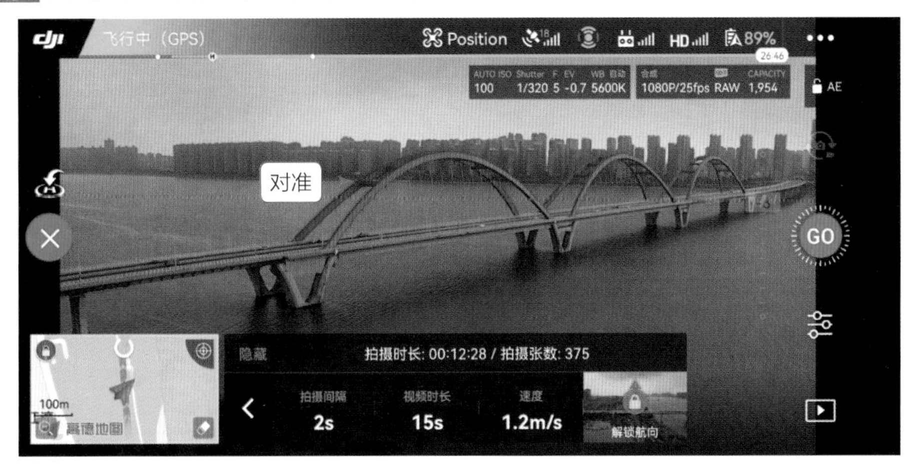

图 12-21　将镜头对准目标建筑

步骤 02 在屏幕中用食指拖曳框选目标，被框选的区域呈浅绿色显示，如图12-22所示。

图 12-22　拖曳框选目标

步骤 03 稍等片刻，框选的区域上会显示一个GO按钮，如图12-23所示。

图 12-23　框选区域上会显示一个 GO 按钮

12.2.6 航拍甩尾延时视频

锁定了无人机的拍摄目标后，接下来即可开始拍摄甩尾延时视频，具体操作步骤如下。

步骤 01 在飞行界面中，点击右侧的红色GO按钮，即可开始拍摄甩尾延时视频。无人机按照指定的航向飞行，但镜头始终对准福元路大桥。屏幕下方显示了拍摄时长和拍摄张数等信息，如图12-24所示。

图 12-24　拍摄甩尾延时视频

步骤 02 拍摄完成后，屏幕下方会显示“正在合成视频”的提示信息，待视频自动合成后，即可预览甩尾延时视频效果，如图12-25所示。

图 12-25　预览甩尾延时视频效果

第13章

轨迹延时：航拍环绕与俯视延时

使用轨迹延时拍摄时，可以在地图路线中设置多个航点，主要是设置画面的起幅和落幅。用户需要预先飞行一次无人机，到达所需的高度和朝向后添加航点，并记录无人机的高度、朝向和摄像头角度。全部航点设置完毕后，可以按正序或倒叙方式航拍轨迹延时。

本章主要讲解航拍轨迹延时视频的操作方法。

13.1 环绕目标：航拍银盆岭大桥的车流

本节以银盆岭大桥为例，向读者讲解使用轨迹延时功能半环绕银盆岭大桥航拍车流的操作方法，希望读者能够熟练掌握。

13.1.1 规划环绕目标的航点并添加任务

在即将拍摄的这段轨迹延时视频中，一共添加了4个航点位置，我们需要先试飞一次无人机，在相应位置添加航点，记录无人机的高度、朝向和摄像头角度。下面介绍规划航点，添加多个任务的操作方法，具体步骤如下。

步骤 01 将无人机飞到第一个航点的位置，确定好构图，如图13-1所示。

图 13-1　无人机飞到第一个航点的位置

步骤 02 点击左侧的“智能模式”按钮，在弹出的界面中点击“延时摄影”按钮，进入“延时摄影”拍摄模式，在下方点击“轨迹延时”按钮，如图13-2所示。

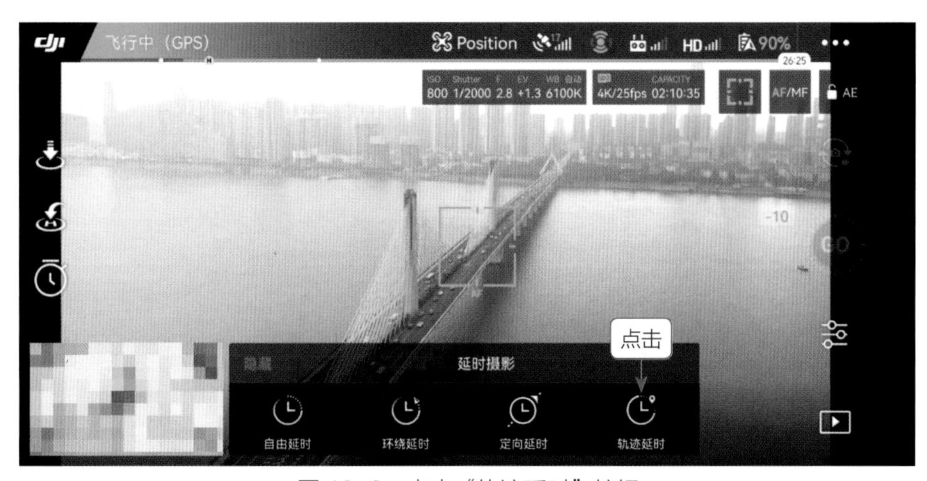

图 13-2　点击“轨迹延时”按钮

步骤 03 进入"轨迹延时"拍摄模式，下方显示了任务列表，点击任务列表中的⊕按钮，如图13-3所示。

图 13-3　进入"轨迹延时"拍摄模式

步骤 04 添加第一个任务，无人机将记录当时的高度、朝向及摄像头角度，如图13-4所示。

图 13-4　添加第一个任务

步骤 05 拨动摇杆将无人机飞到第二个航点的位置，点击⊕按钮，即可添加第二个任务，如图13-5所示。

图 13-5　添加第二个任务

步骤 06 拨动摇杆将无人机飞到第三个航点的位置，点击⊕按钮，即可添加第三个任务，如图13-6所示。

图 13-6 添加第三个任务

步骤 07 拨动摇杆将无人机飞到第四个航点的位置，点击⊕按钮，即可添加第四个任务，如图13-7所示。

图 13-7 添加第四个任务

13.1.2 保存轨迹中的航点任务

当我们规划好多个航点任务后，接下来需要对任务进行保存，方便之后调用。下面介绍保存轨迹中航点任务的操作方法，具体步骤如下。

步骤 01 在航点规划界面中，点击“保存”按钮，如图13-8所示。

步骤 02 在弹出的对话框中，❶设置轨迹任务的名称；❷点击“保存”按钮，如图13-9所示。

图 13-8 保存航点任务

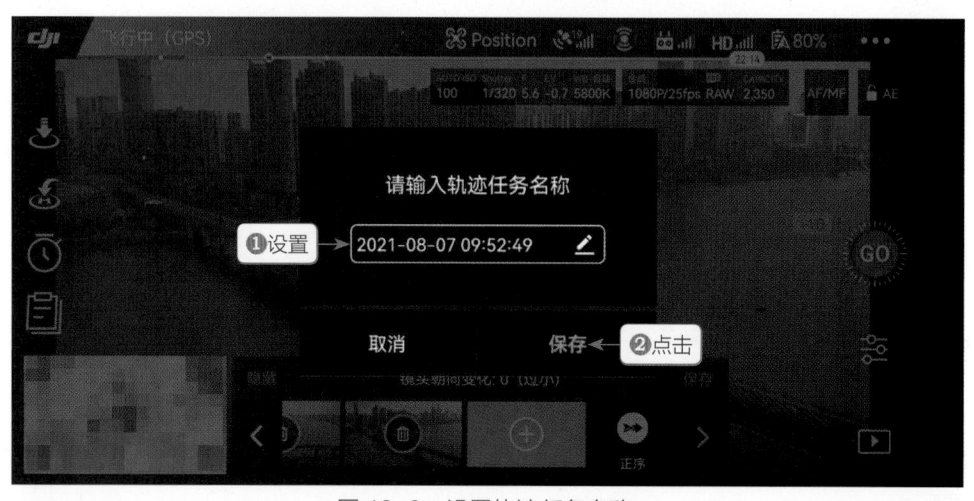

图 13-9 设置轨迹任务名称

步骤 03 执行操作后，界面中提示“保存成功，再次飞行时请确保起飞点相同”的信息提示，如图13-10所示。

图 13-10 轨迹任务保存成功

13.1.3 设置拍摄间隔与视频时长

我们在拍摄轨迹延时视频时，可以设置拍摄间隔与视频时长，使视频画面更加符合我们的要求。在航点规划界面中，点击“正序”右侧的箭头按钮▶，在展开的面板中可以设置拍摄间隔与视频时长，如图13-11所示。

图 13-11 设置拍摄间隔与视频时长

13.1.4 执行轨迹任务拍摄延时视频

当我们规划好多个航点任务后，接下来即可执行轨迹任务，开始拍摄轨迹延时视频，具体操作步骤如下。

步骤 01 在DJI GO 4 App界面中，点击红色的GO按钮，此时无人机将自动飞回第一个航点任务的位置，开始拍摄轨迹延时视频。屏幕下方显示了拍摄时长和拍摄张数等信息，如图13-12所示。

图 13-12 拍摄轨迹延时视频

图 13-12　拍摄轨迹延时视频(续)

步骤 02 拍摄完成后，预览轨迹延时视频效果，如图13-13所示。

图 13-13　预览轨迹延时视频效果

图 13-13　预览轨迹延时视频效果(续)

13.2 俯视旋转：航拍路口的车流延时

城市中的主要路段车流量很大，航拍路口中的车流也是非常不错的选择。本节主要为读者讲解使用轨迹延时功能俯视旋转航拍车流的操作方法。

13.2.1 规划俯视旋转的航点并添加任务

在即将拍摄的这段车流轨迹延时视频中，一共需添加三个航点位置。下面介绍规划航点，添加多个任务的操作方法，具体步骤如下。

步骤 01 将无人机飞到第一个航点的位置，调整俯仰角度，确定构图，如图13-14所示。

图 13-14　无人机飞到第一个航点的位置

步骤 02 点击左侧的“智能模式”按钮，在弹出的界面中点击“延时摄影”按钮，进入“延时摄影”拍摄模式，点击“轨迹延时”按钮，进入“轨迹延时”拍摄模式，下方显示了任务列表，点击任务列表中的按钮，如图13-15所示。

图 13-15　进入“轨迹延时”拍摄模式

步骤 03 添加第一个任务，无人机将记录当时的高度、朝向，以及摄像头角度，如图13-16

所示。

图 13-16 添加第一个任务

步骤 04 拨动摇杆将无人机飞到第二个航点的位置，点击⊕按钮，即可添加第二个任务，如图13-17所示。

图 13-17 添加第二个任务

步骤 05 拨动摇杆将无人机飞到第三个航点的位置，点击⊕按钮，即可添加第三个任务，如图13-18所示。

图 13-18 添加第三个任务

13.2.2 设置拍摄间隔与视频时长

在航点规划界面中，点击“正序”右侧的箭头按钮>，在展开的面板中可以设置拍摄间隔与视频时长，如图13-19所示。默认情况下，这一段轨迹延时自动设置了9s的视频时长，这里笔者将视频时长改为10s。

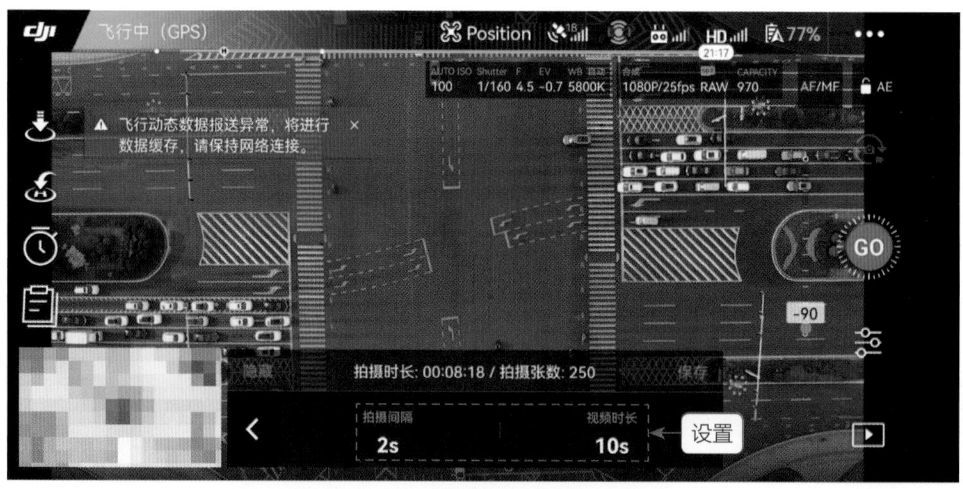

图 13-19 设置拍摄间隔与视频时长

13.2.3 执行轨迹任务拍摄延时视频

规划好航点任务并设置好拍摄间隔与视频时长后，即可执行轨迹任务，开始拍摄轨迹延时视频，具体操作步骤如下。

步骤 01 在DJI GO 4 App界面中，点击红色的GO按钮，此时无人机将自动飞回第一个航点任务的位置，开始拍摄轨迹延时视频，界面下方显示了拍摄时长和拍摄张数等信息，如图13-20所示。

图 13-20 拍摄轨迹延时视频

图 13-20　拍摄轨迹延时视频(续)

步骤 02 拍摄完成后，预览轨迹延时视频效果，如图13-21所示。

图 13-21　预览轨迹延时视频效果

图 13-21 预览轨迹延时视频效果(续)

第14章

延时后期：画面去闪+调色+音乐

由于延时摄影的时间跨度较大，特别是日转夜延时的画面光线变化非常明显，画面由明到暗的过程中会出现闪烁的情况，需要进行后期处理。

本章主要讲解延时视频的后期处理技术，如使用LRTimelapse软件对画面进行去闪处理，使整个画面在播放的过程中颜色更加统一、自然。

14.1 专业技术：使用LRTimelapse对画面去闪

对于画面中光线变化比较大的延时视频，我们需要使用LRTimelapse软件对其进行去闪处理。本节以笔者在梅溪湖航拍的日转夜延时作品为例，讲解画面去闪的要求与准备，以及具体的操作流程。

14.1.1 画面去闪的要求与准备

LRTimelapse是一款非常优秀的延时视频编辑软件，在使用该软件对画面进行去闪与调色处理之前，我们先来了解一下去闪的要求与准备工作。这个步骤非常重要，如果不注意，那么后期处理的过程就不会太顺利。

下面重点讲解使用LRTimelapse(以下简称LRT)软件去闪的前提条件：

第一，LRT需配合Lightroom或Bridge等调色及看图软件一起使用，所以在使用LRT软件之前，需要在电脑中先安装好Lightroom和Bridge软件。

第二，LRT的运行环境是Java，所以电脑中要先安装Java(Mac系统自身就是Java环境)。

第三，LRT只能对RAW格式的照片序列进行去闪处理，不可以对JPG格式进行去闪。

第四，LRT需要Dng等格式转换工具的支持，Dng是所有RAW格式的统称。

第五，RAW序列的照片所在的文件夹必须全程无汉字和标点符号，建议大家直接将照片放在相应磁盘下面，以英文或全拼来命名文件夹的名称。

14.1.2 在 LRT 中创建画面关键帧

使用LRT软件对画面进行去闪操作之前，首先需要在软件中创建画面关键帧，具体操作步骤如下。

步骤 01 从“开始”菜单中启动LRTimelapse 5.0.5软件，打开工作界面，如图14-1所示。

步骤 02 在左下角的窗格中，找到要处理的延时文件夹，此时所有延时照片会全部显示在右侧的窗格中，素材加载完毕后，界面如图14-2所示。

专家提醒

在左上角的预览窗口中，蓝色的线条表示画面的曝光曲线，曲线有高有低，画面有暗有亮，我们去闪的目标就是让这一条曲线变得相对平滑。

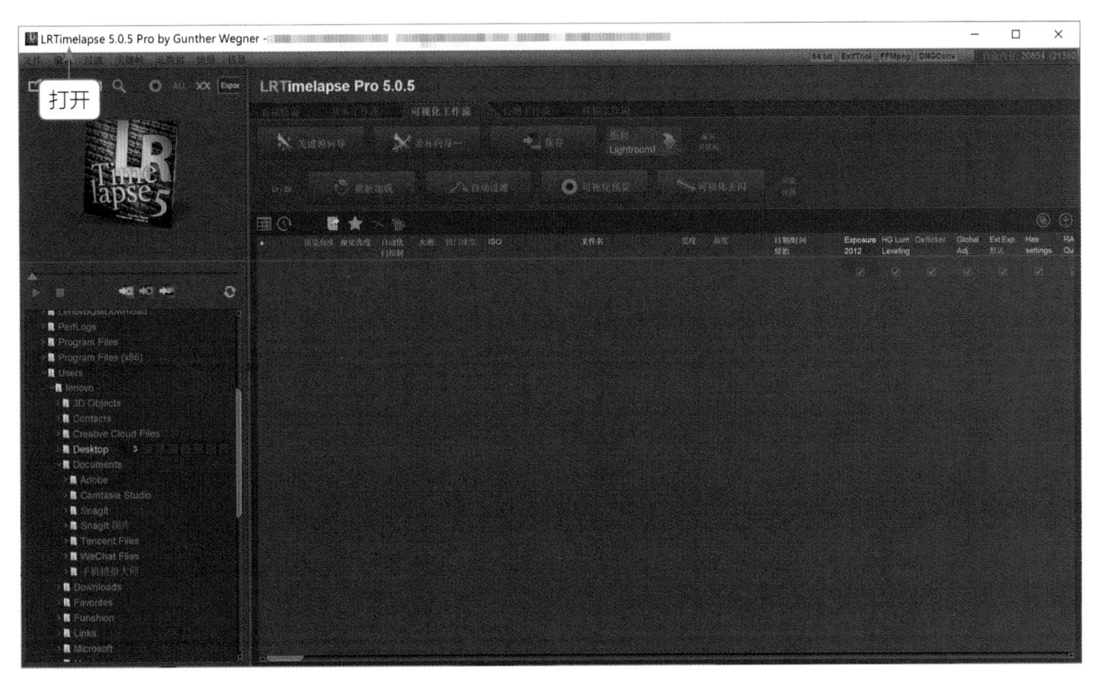

图 14-1 打开 LRTimelapse 5.0.5 工作界面

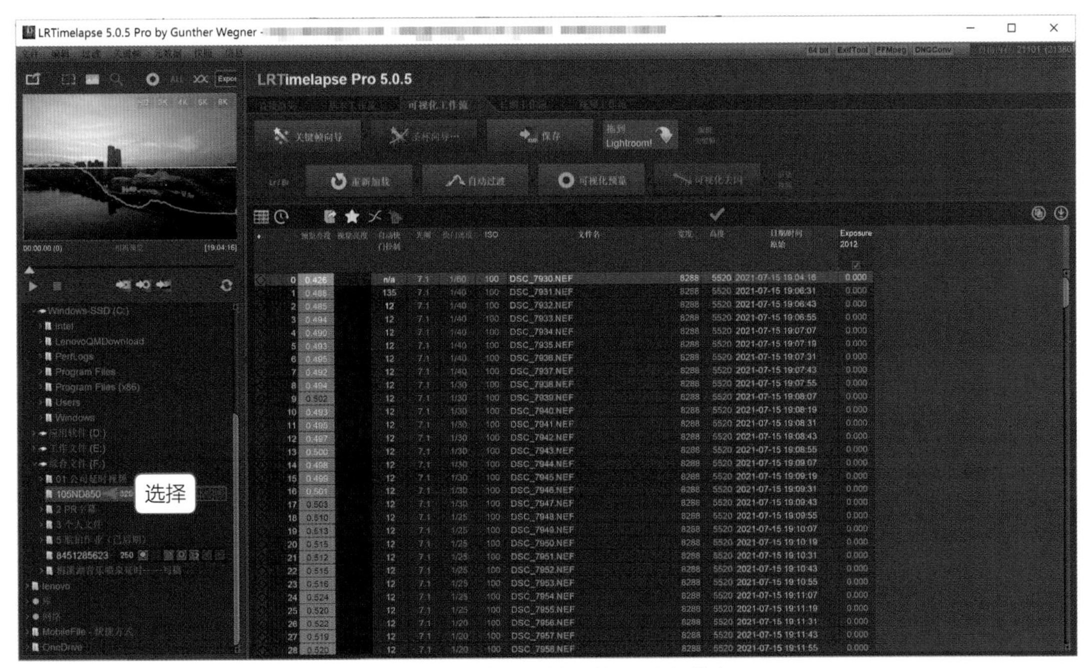

图 14-2 找到要处理的延时文件夹

步骤 03 在“可视化工作流”选项卡中，❶单击“关键帧向导”按钮，展开相应选项；❷在下方拖曳“关键帧数量”下方的滑块，调到4个关键帧的位置，在相应的素材位置再添加两个关键帧，此时左上角的预览窗口中一共显示了6个关键帧；❸单击“保存”按钮，如图14-3所示。执行操作后，即可保存关键帧。

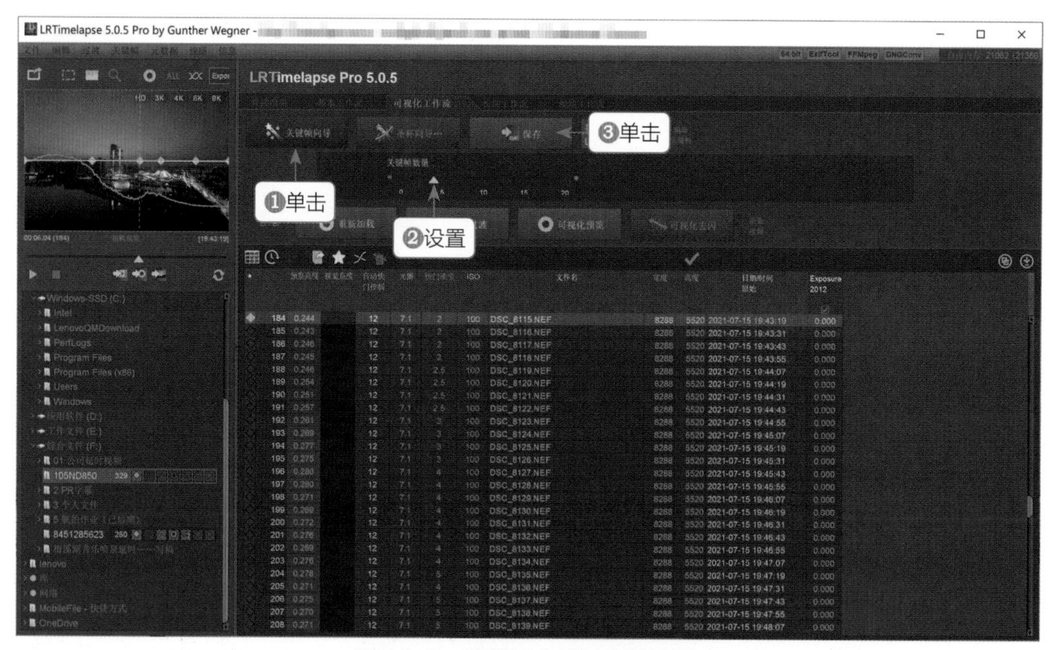

图 14-3　调整两个关键帧的位置

14.1.3　在 Bridge 和 ACR 中对画面进行调色

保存关键帧之后，接下来在Bridge软件中选择关键帧，并拖入Camera Raw中对关键帧进行调色处理，具体操作步骤如下。

步骤 01 从“开始”菜单中启动Bridge软件，打开工作界面。在中间窗格中打开上一步处理的延时文件夹，如图14-4所示。注意文件名必须为英文。

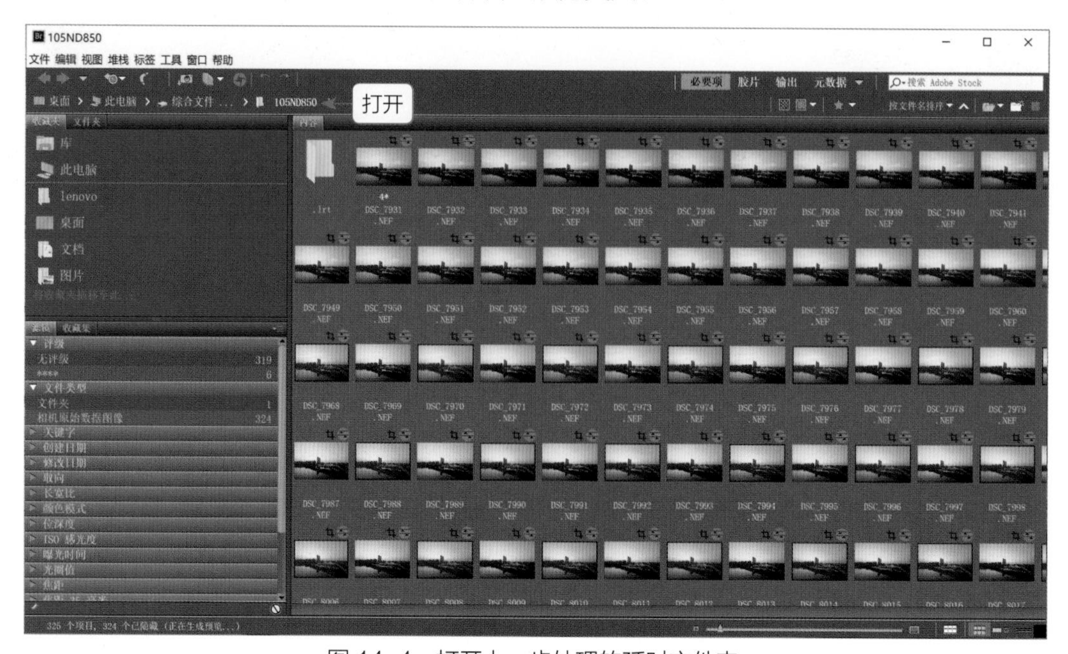

图 14-4　打开上一步处理的延时文件夹

步骤 02 在左侧的“评级”选项下，选择四星评级选项，此时中间窗格中显示了6张照片，如图14-5所示。这6张照片就是我们刚才所保存的6个关键帧的照片。

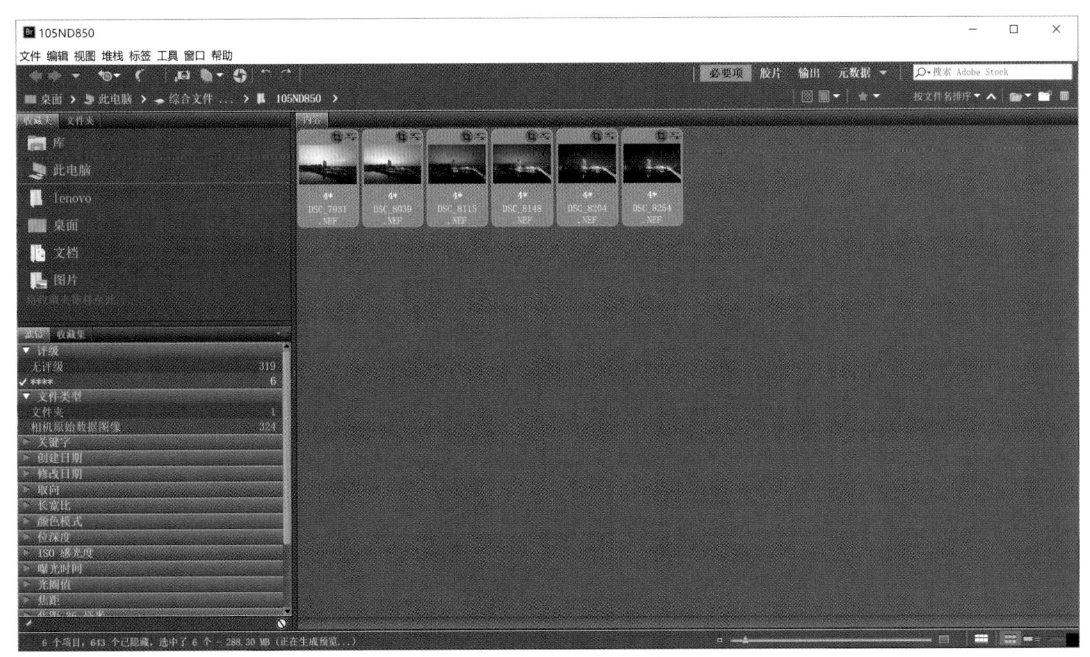

图 14-5　中间窗格中显示照片

步骤 03 全选这6张照片，全部拖曳至Photoshop工作界面中，自动打开Camera Raw插件窗口，如图14-6所示。

图 14-6　自动打开 Camera Raw 插件窗口

步骤 04 在界面右侧单击“基本”按钮，进入“基本”面板。在其中设置“色温”为5150、“色调”为-1、“曝光”为0.75、“对比度”为-3、“高光”为-97、“阴影”为

56、“白色”为18、“黑色”为-20、“纹理”为12、“清晰度”为23、“去除薄雾”为24、“自然饱和度”为33、“饱和度”为5，初步调整画面的色彩，如图14-7所示。

图 14-7 初步调整画面的色彩

步骤 05 切换至“色调曲线”面板，在其中设置“高光”为-8、“亮调”为-22、“暗调”为3、“阴影”为-9，调整画面的明暗效果，如图14-8所示。

图 14-8 调整画面的明暗效果

步骤 06 切换至“细节”面板，在“减少杂色”选项区中设置“明亮度”为30、“颜色”为25，对画面进行降噪处理，如图14-9所示。

图 14-9 对画面进行降噪处理

步骤 07 切换至“HSL调整”面板，在“饱和度”选项卡中设置“红色”为20、“橙色”为34、“黄色”为26、“浅绿色”为20、“蓝色”为30、“紫色”为20、“洋红”为20，增强画面中夕阳、蓝天，以及草地的颜色，如图14-10所示。

图 14-10 对画面进行饱和度处理

步骤 08 切换至“明亮度”选项卡，在其中设置“浅绿色”为-55、“蓝色”为-12，调整天空与草地的明亮度，如图14-11所示。

图 14-11　对画面进行明亮度处理

步骤 09 切换至“分离色调”面板，在其中设置“色相”为42、“饱和度”为40，提升夕阳的暖黄色调，如图14-12所示。

图 14-12　对画面进行分离色调处理

步骤 10 切换至“校准”面板，在其中设置“红原色”“绿原色”“蓝原色”的“饱和度”均为30，提升画面的饱和度色彩，如图14-13所示。

步骤 11 在Camera Raw界面的左上角位置，选择第一张照片，单击鼠标右键，在弹出的快捷菜单中选择“全选”选项；再次单击鼠标右键，在弹出的快捷菜单中选择“同步设置”选项，对其余5张照片进行同步处理。

图 14-13 提升画面的饱和度色彩

步骤 12 参照上述调节照片色彩的方法，对其他5张照片进行颜色微调，使画面色彩更加符合要求。全部处理完成后，单击右下角的“完成”按钮，如图14-14所示。

图 14-14 处理后的照片效果

14.1.4 在 LRT 中对画面进行去闪处理

在Photoshop中进行调色后，接下来返回LRT软件中对画面进行去闪处理，具体步骤如下。

步骤 01 返回LRT工作界面，在“可视化工作流”选项卡中，单击“重新加载”按钮，此时可以看到这6张照片的信息已经被更改了，如图14-15所示。这说明我们已经完成了对它的调色处理。

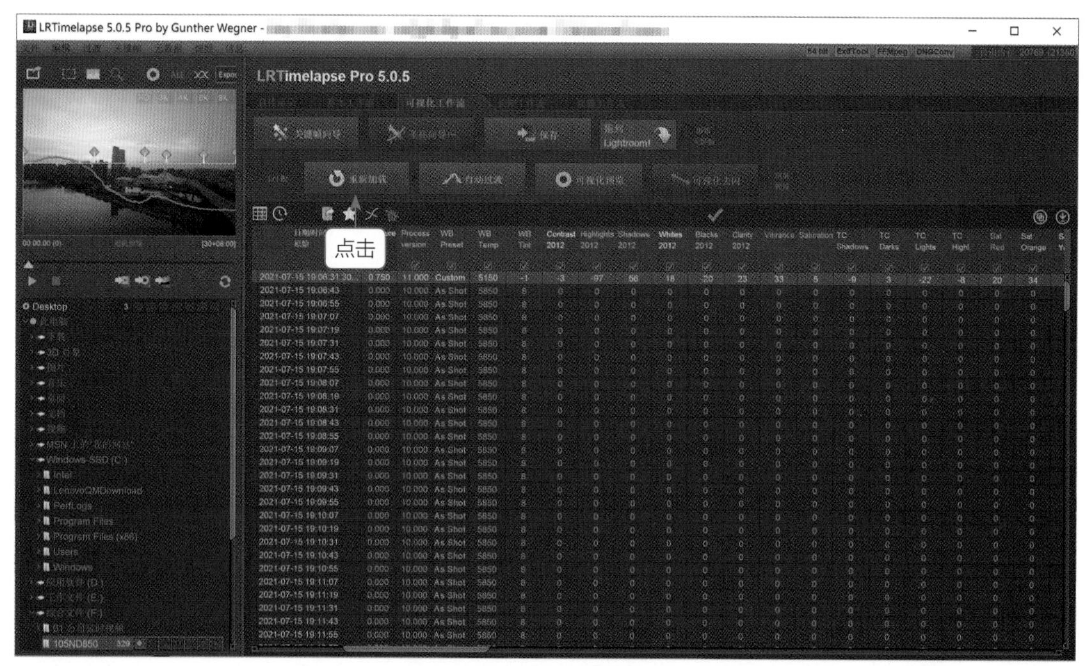

图 14-15　照片信息更改

步骤 02 加载完成之后，❶单击“自动过渡”按钮，对所有画面进行过渡处理，使第一张到最后一张照片的色彩过渡呈坡度显示；❷接下来单击“可视化预览”按钮，如图14-16所示。对画面进行逐帧匹配，自动对每一张照片的色彩进行单独调整，使画面色调保持一致。这个过程是比较缓慢的，需要耗费一定的时间。

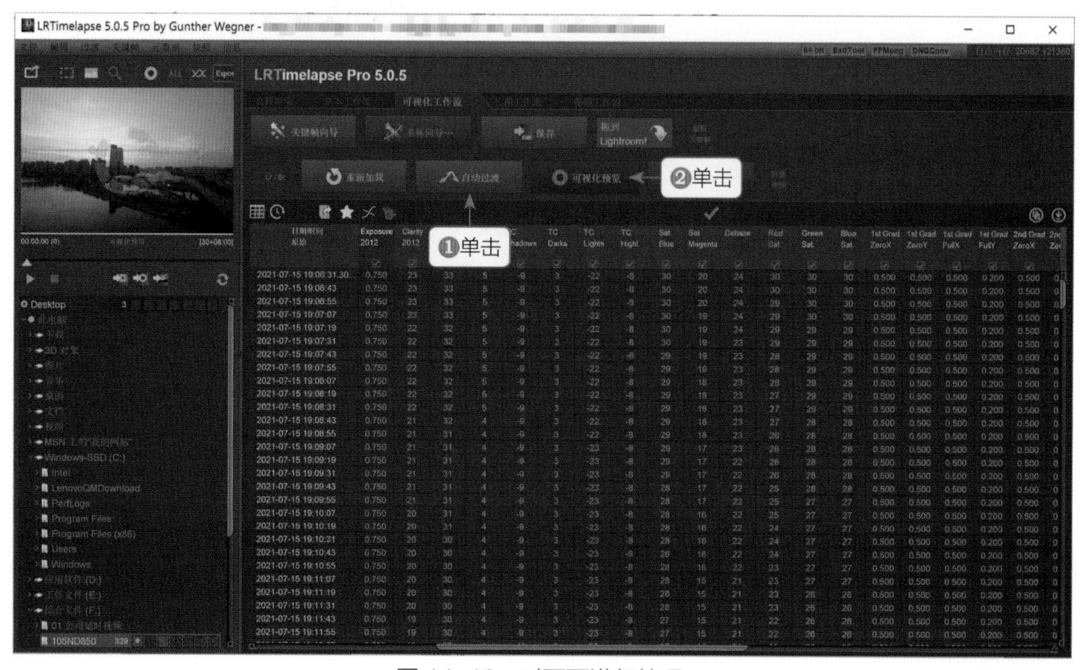

图 14-16　对画面进行处理

步骤 03 操作完成后，❶单击“可视化去闪”按钮，展开相应选项；❷向右拖动“平滑”下方的滑块，调到40左右，数值越大，左侧预览窗口中的那条绿色曝光曲线就越平滑，画面的去闪效果也就越好，一般调到30～40即可；❸在右侧设置“通道”为2，表示进行两次去闪处理；❹单击“应用”按钮，如图14-17所示。

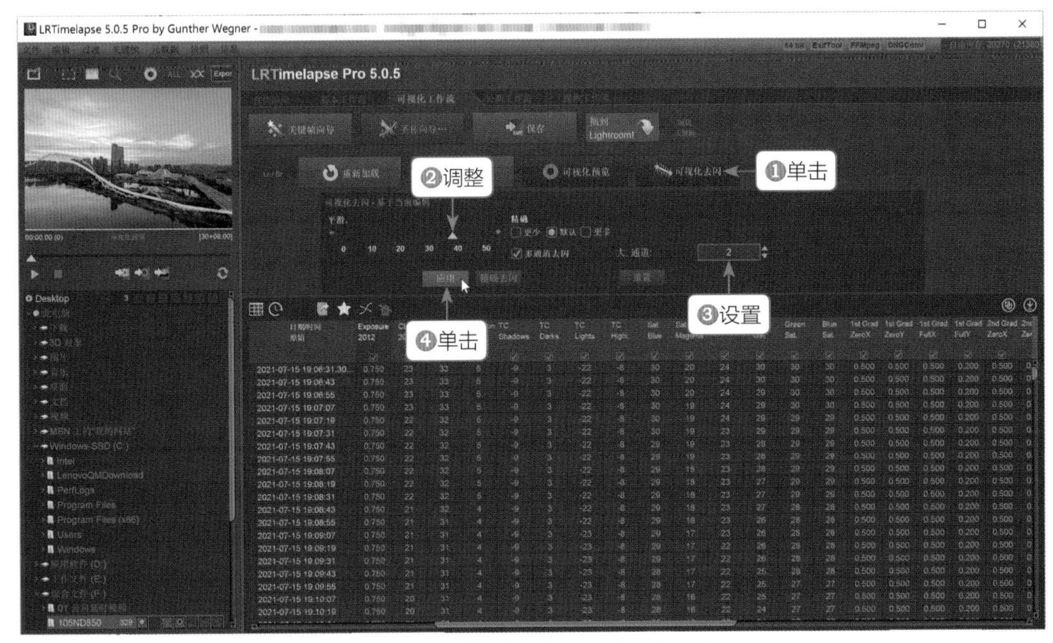

图 14-17　设置各参数进行去闪处理

步骤 04 执行操作后，开始对画面进行去闪处理，这个过程也要耗费一定的时间，大家需耐心等待。处理完成后，预览窗口中紫色的线与绿色的线基本重合，表示去闪操作完成，如图14-18所示。单击左侧预览窗口下方的“播放”按钮，可以预览去闪后的视频效果。

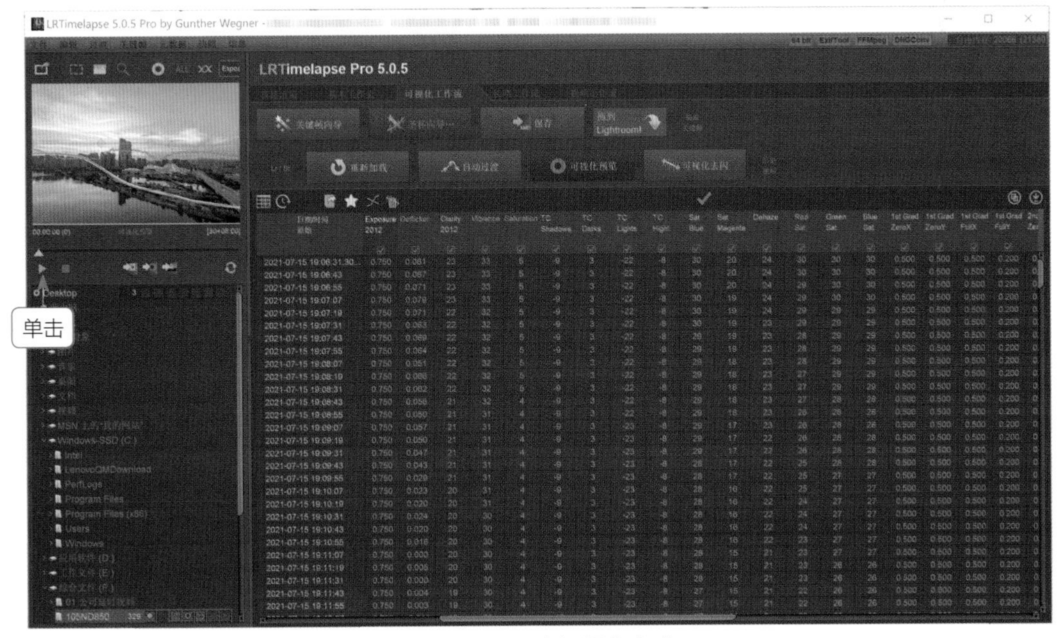

图 14-18　去闪操作完成

14.1.5 批量导出 JPG 照片序列

在LRT中对画面进行去闪后，接下来需要在Photoshop中将照片批量导出为JPG格式，这样才方便调入Premiere中进行合成处理。下面介绍批量导出JPG照片序列的方法。

步骤 01 打开Photoshop软件工作界面，将上一步处理的RAW格式的照片序列全部拖曳至界面中，打开Camera Raw插件窗口，全选照片，单击左下角的“存储图像”按钮，如图14-19所示。

图 14-19 选择要存储的照片

步骤 02 弹出“存储选项”对话框，❶设置导出位置和导出格式等信息；❷设置完成后单击“存储”按钮，如图14-20所示。

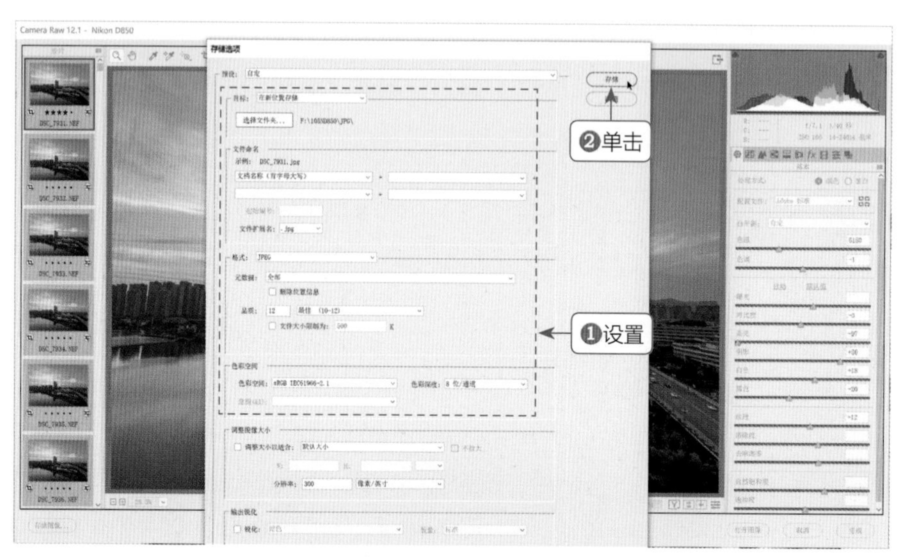

图 14-20 设置并存储导出位置及格式

步骤 03 执行操作后，即可开始批量导出JPG格式的照片序列文件。界面左下角显示了需导

出照片的剩余数量，如图14-21所示。待所有照片全部导出完成即可。

图 14-21 开始批量导出 JPG 格式的照片序列文件

14.2 动态处理：使用Premiere制作视频画面

当我们在Camera Raw软件中调色并批量导出照片后，接下来需要在Premiere软件中创建序列，将照片做成视频，本节为读者介绍具体的操作方法。

14.2.1 将素材导入 Premiere

步骤 01 启动Premiere应用程序，进入“主页”界面，单击左侧的“新建项目”按钮，如图14-22所示。

图 14-22 单击“新建项目”按钮

步骤 02 弹出“新建项目”对话框，❶在其中设置项目的名称和保存位置；❷单击“确定”按钮，如图14-23所示。

步骤 03 在菜单栏中选择“文件”|“新建”|“序列”命令，如图14-24所示。

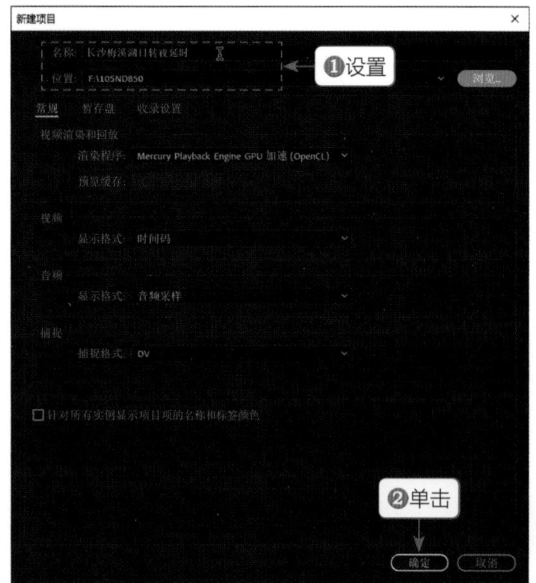

图 14-23　设置项目名称和保存设置

图 14-24　选择“序列”命令

步骤 04 弹出“新建序列”对话框，❶设置“编辑模式”为“自定义”、“时基”为“50.00帧/秒”、“帧大小”为“3840*2160”、“像素长宽比”为“方形像素(1.0)”、“场”为“无场(逐行扫描)”、“显示格式”为“50 fps时间码”；❷设置完成后单击“确定”按钮，如图14-25所示。

步骤 05 执行操作后，即可新建一个空白的序列文件，如图14-26所示。

图 14-25　设置序列参数

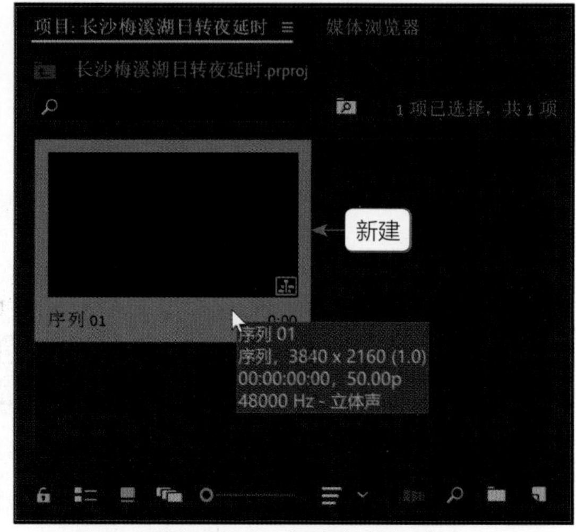

图 14-26　新建序列文件

14.2.2 将照片合成为延时视频

新建好序列文件后，下面需要将照片序列导入Premiere软件中，对照片进行合成处理，使其成为一段延时视频，具体操作步骤如下。

步骤 01 在“项目”面板中的空白位置上，单击鼠标右键，在弹出的快捷菜单中选择“导入”选项，如图14-27所示。

步骤 02 在弹出的“导入”对话框中，找到上一节批量导出的照片文件夹，❶选择第1张照片；❷选中左下角的“图像序列”复选框；❸单击“打开”按钮，如图14-28所示。

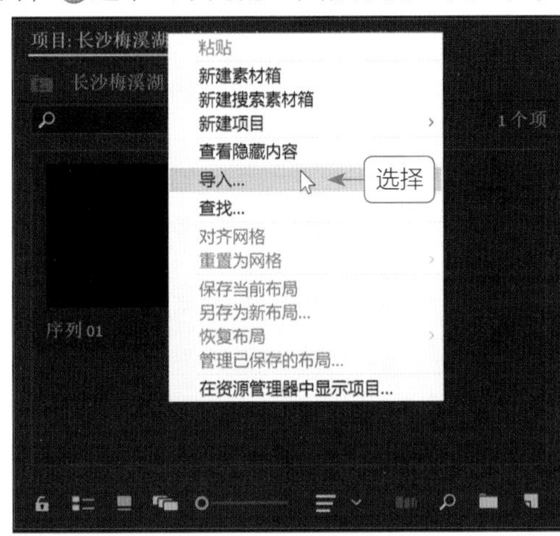

图 14-27　选择“导入”选项

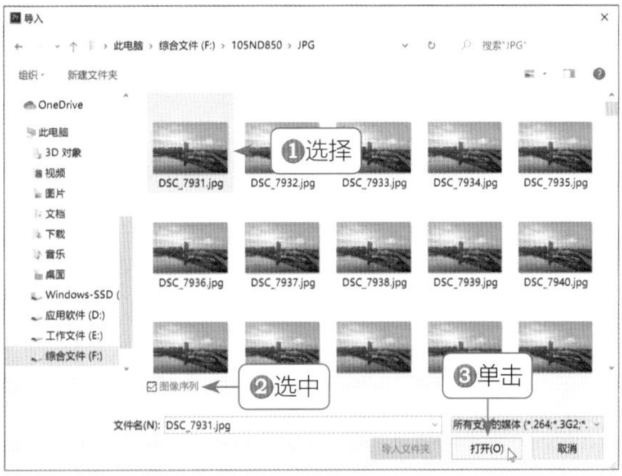

图 14-28　选择照片序列文件

步骤 03 以序列的方式导入照片素材，在“项目”面板中可以查看导入的序列效果，如图14-29所示。

步骤 04 将导入的照片序列拖曳至时间轴面板的V1轨道中，此时会弹出信息提示框，提示剪辑与序列设置不匹配，单击“保持现有设置”按钮，如图14-30所示。

图 14-29　查看导入的序列效果

图 14-30　单击“保持现有设置”按钮

步骤 05 此时，即可将序列素材拖曳至V1轨道中，如图14-31所示。

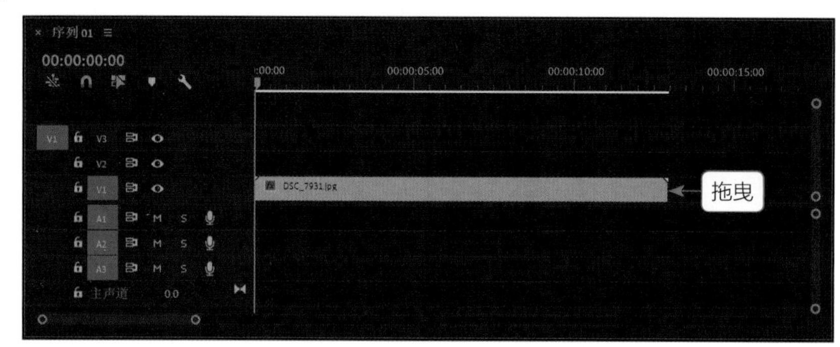

图 14-31　将序列素材拖曳至 V1 轨道中

步骤 06 在节目监视器中可以查看序列的画面效果，如图14-32所示。我们可以看到素材画面被放大了，这是因为素材的尺寸过大，节目监视器无法完整显示。

步骤 07 打开“效果控件”面板，单击“缩放”选项右侧的100.0数值，将数值更改为49.0，如图14-33所示。按Enter键确认，即可将素材尺寸缩小。

图 14-32　查看序列的画面效果

图 14-33　更改数值

步骤 08 此时，在节目监视器中可以查看完整的素材画面，如图14-34所示。我们看到的这个效果就是输出后的视频画面尺寸。

步骤 09 在节目监视器下方单击“播放”按钮，预览制作的延时视频，如图14-35所示。

图 14-34　查看完整的素材画面

图 14-35　预览制作的延时视频

14.2.3　在视频中添加水印

给视频添加水印是为了保护作品的版权，避免被他人盗用。下面介绍添加水印的操作方法。

步骤 01 在“项目”面板中，导入并选择水印素材，如图14-36所示。

步骤 02 并将其拖曳至时间轴面板的V2轨道中，如图14-37所示。

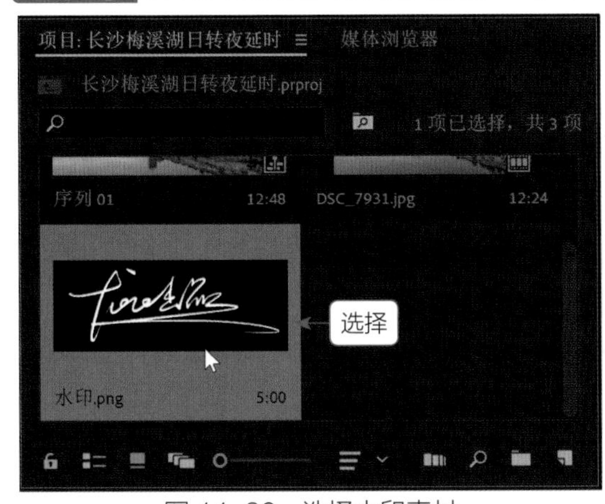

图 14-36　选择水印素材

图 14-37　拖曳水印素材至轨道中

步骤 03 从图中我们可以看出，水印素材的区间太短，此时需要对素材的区间进行调整，使其与V1轨道中的视频长度对齐。将鼠标移至水印素材的结尾处，此时鼠标指针呈相应形状，按住鼠标左键并向右拖曳，即可调整水印素材的区间长度，如图14-38所示。

步骤 04 在节目监视器中可以查看水印效果，水印在画面的正中央位置，如图14-39所示。

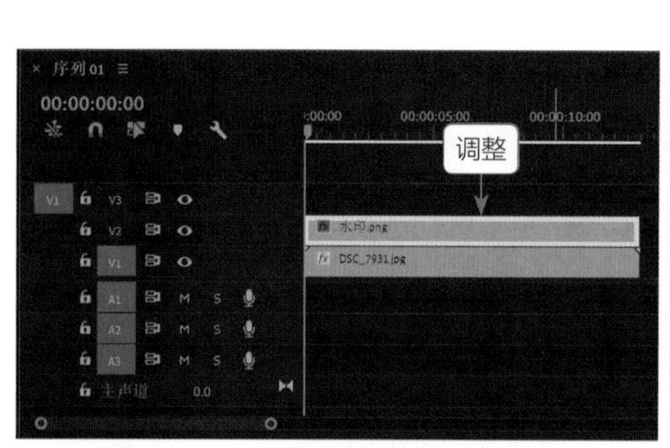

图 14-38 调整水印素材的区间长度

图 14-39 水印在画面的正中央位置

步骤 05 接下来调整水印的位置和属性。在时间轴面板中选择水印素材，在“效果控件”面板中，❶设置“位置”为316.5和2007.9、“缩放”为37.0；❷设置“不透明度”为20.0%，如图14-40所示。

步骤 06 执行操作后，即可调整水印在视频中的效果，如图14-41所示。用户也可以根据实际需要对水印素材进行相关调整。

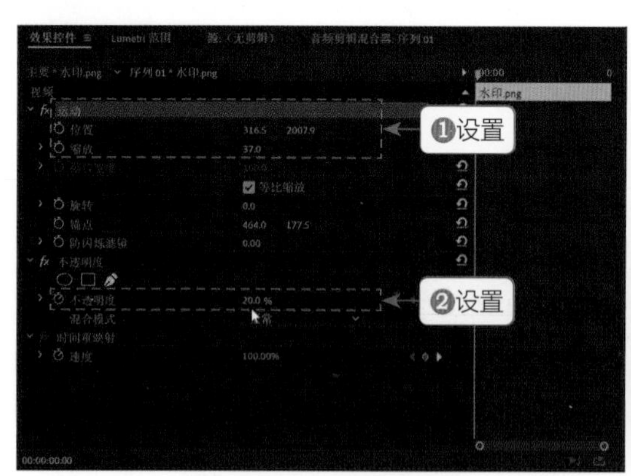

图 14-40 设置参数

图 14-41 查看水印效果

14.2.4 为视频添加背景音乐

添加背景音乐是为了配合视频画面，使视频整体更加动感，同时深化视频主题。下面介绍添加背景音乐的操作方法。

步骤 01 在“项目”面板中，导入并选择背景音乐素材，如图14-42所示。

步骤 02 将音乐素材拖曳至时间轴面板的A1轨道中，如图14-43所示。

步骤 03 将时间线移至00:00:12:46的位置处，在工具箱中选取剃刀工具，将鼠标移至A1轨道中的时间线位置，此时鼠标呈剃刀形状，如图14-44所示。

图 14-42　选择背景音乐素材

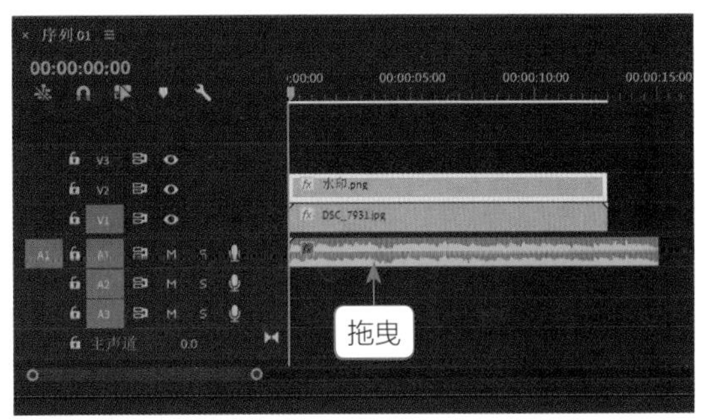

图 14-43　拖曳音乐素材至轨道中

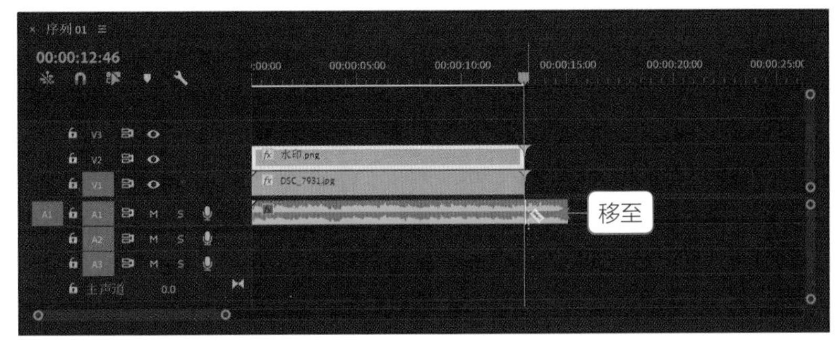

图 14-44　鼠标呈剃刀形状

步骤 04 在音乐素材的时间线位置，单击鼠标左键，即可将音乐素材分割为两段，选择后面一段音乐作为素材，如图14-45所示。

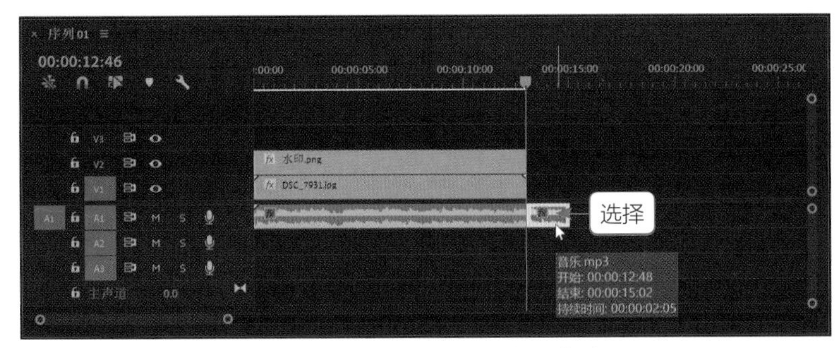

图 14-45　分割并选择音乐素材

步骤 05 按Delete键进行删除，留下剪辑后的音乐片段，如图14-46所示。

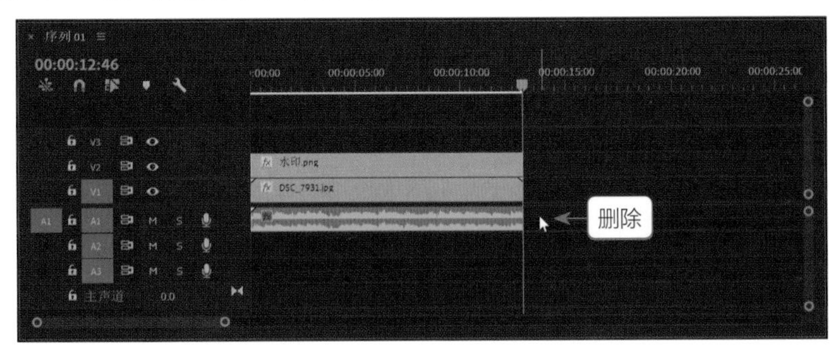

图 14-46　剪辑音乐

步骤 06 接下来为音乐添加淡出效果，使音乐结尾的时候没有那种突然停止的感觉。在时间轴面板中，将时间线移至00:00:11:09的位置处，如图14-47所示。

步骤 07 选择音乐素材，在"效果控件"面板中，单击"级别"右侧的关键帧按钮，在时间线的位置添加一个关键帧，如图14-48所示。

图 14-47 移动时间线的位置

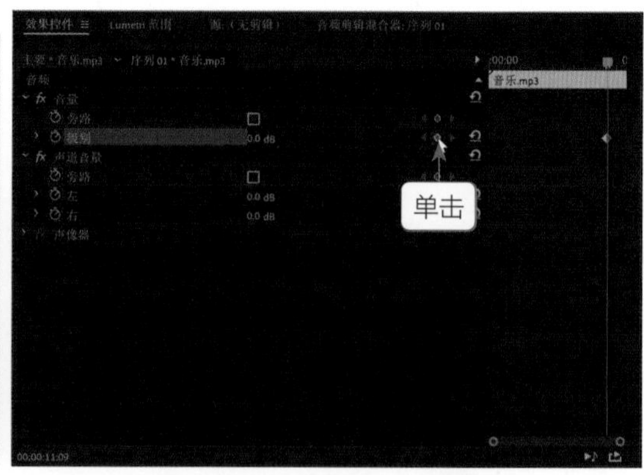

图 14-48 添加一个关键帧

步骤 08 将时间线移至结尾位置，❶再次单击"级别"右侧的关键帧按钮，再次添加一个关键帧；❷将"级别"参数设置为-20.0 dB，表示降低音量，如图14-49所示。

步骤 09 单击"播放"按钮，试听背景音乐效果并预览视频画面，如图14-50所示。

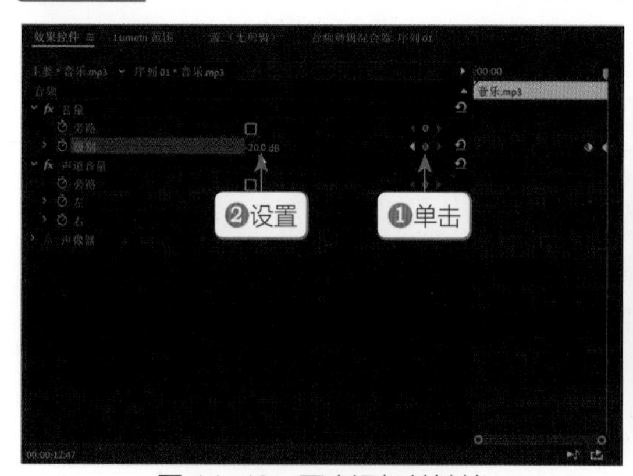

图 14-49 再次添加关键帧

图 14-50 试听背景音乐效果

14.2.5 输出 4K 延时视频效果

4K是一种高清的视频输出尺寸，下面介绍输出4K延时视频的操作方法。

步骤 01 在菜单栏中，单击"文件"|"导出"|"媒体"命令，如图14-51所示。

步骤 02 在弹出的"导出设置"对话框中，设置视频的名称，这里单击"输出名称"右侧的"序列01.mp4"文字链接，如图14-52所示。

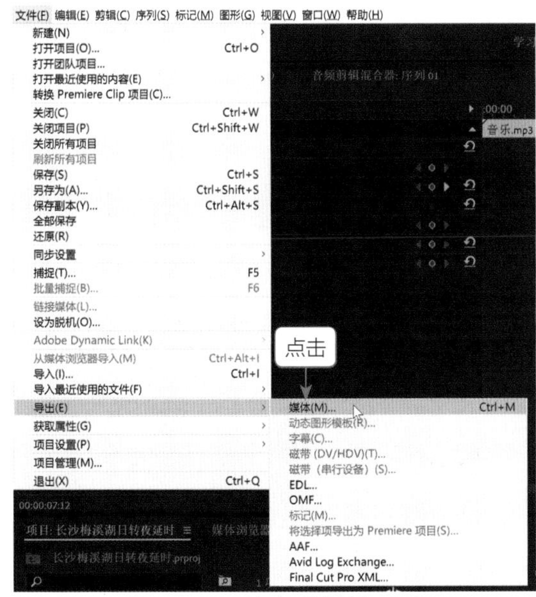

图 14-51 单击“媒体”命令

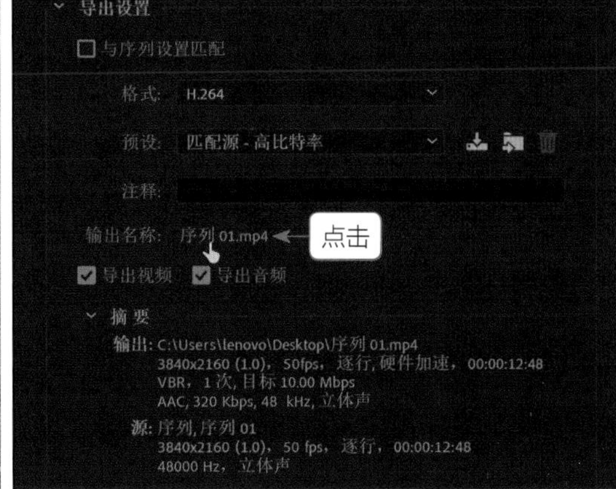

图 14-52 设置视频名称

步骤 03 弹出“另存为”对话框，❶在其中设置延时视频的文件名与保存类型；❷单击“保存”按钮，如图14-53所示。

步骤 04 返回“导出设置”对话框，即可查看更改后的视频名称，如图14-54所示。

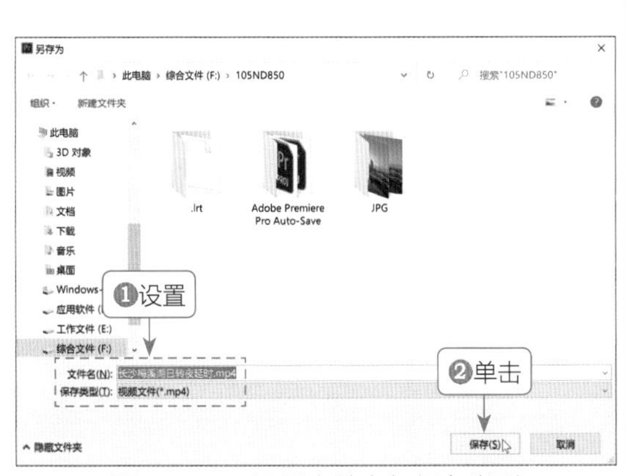

图 14-53 设置文件名与保存类型

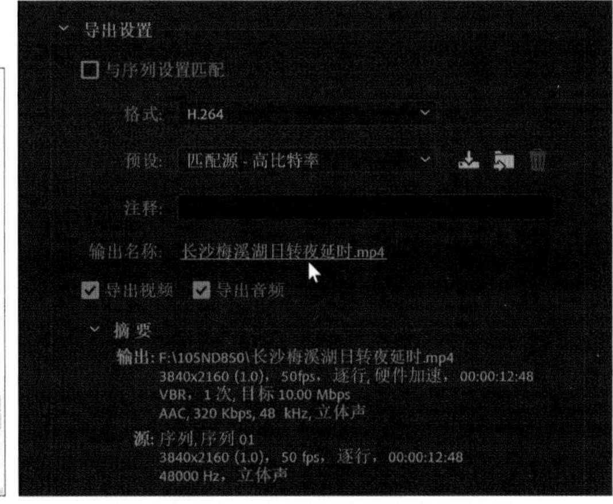

图 14-54 查看更改后的视频名称

步骤 05 在下方的“视频”选项卡中，可以设置视频的输出选项，确认无误后，单击对话框下方的“导出”按钮，如图14-55所示。

步骤 06 执行操作后，即可开始导出延时视频文件，并显示导出进度，这里需要花费一些时间，根据电脑配置的不同，视频导出的速度也会不同。待延时视频导出完成后，即可在相应文件夹中找到并预览延时视频的效果，如图14-56所示。

图 14-55 设置视频的输出选项并导出

图 14-56 预览延时视频效果